U0520613

love yourself
勇敢 爱自己

——写给女性的心理书

谢丽丽 / 著

人民卫生出版社
·北京·

版权所有，侵权必究！

图书在版编目（CIP）数据

勇敢爱自己：写给女性的心理书 / 谢丽丽著.
北京：人民卫生出版社，2025. 1. -- ISBN 978-7-117-37000-4

Ⅰ. B844.5-49

中国国家版本馆CIP数据核字第2024TX8660号

人卫智网　www.ipmph.com　医学教育、学术、考试、健康、购书智慧智能综合服务平台
人卫官网　www.pmph.com　人卫官方资讯发布平台

勇敢 爱自己
——写给女性的心理书
Yonggan Aiziji
——Xiegei Nüxing de Xinlishu

著　　　者：谢丽丽
出版发行：人民卫生出版社（中继线 010-59780011）
地　　　址：北京市朝阳区潘家园南里19号
邮　　　编：100021
E - mail：pmph @ pmph.com
购书热线：010-59787592　010-59787584　010-65264830
印　　　刷：廊坊一二〇六印刷厂
经　　　销：新华书店
开　　　本：889×1194　1/32　印张：7
字　　　数：182千字
版　　　次：2025年1月第1版
印　　　次：2025年2月第1次印刷
标准书号：ISBN 978-7-117-37000-4
定　　　价：49.00元

打击盗版举报电话：010-59787491　　E-mail：WQ @ pmph.com
质量问题联系电话：010-59787234　　E-mail：zhiliang @ pmph.com
数字融合服务电话：4001118166　　　E-mail：zengzhi @ pmph.com

写给亲爱的你：

这本书专为对心理学感兴趣的女性读者编写，当然，有男性对女性心理学感兴趣的，也可以阅读此书。

通过把心理学的基础知识和原理应用到自己的工作和生活之中，女性可以更好地认识自己、了解自己、保护自己，在力所能及的情况下，还能保护别人。

我很喜欢素黑的一段话：

"亲爱的，不要说得不到爱，能活着已经是爱。

从来没有命定的不幸，只有死不放手的执着。

当你认同了痛苦，你便失去了自由。

最大的爱，原是原谅和放生。

最好的伴侣并不是别人，而是自己的内心。

想获得爱情，感受活在安全感里，必须先热爱生命。

自爱原是最大的爱情"。

希望我们的女性读者朋友，在我们漫长而短暂的一生中，能好好工作、生活、爱自己，也能和别人好好恋爱、结婚、生儿育女，结交挚友。

谢丽丽

2024 年 5 月

目录

心理健康，终身受益
——女性心理健康导论
1

- 什么是心理学 … 5
- 什么是心理健康 … 9
- 心理健康与女性的人生发展 … 15

我是谁，做一个真我
——女性的自我意识
19

- 什么是自我意识 … 23
- 女性自我意识发展的特点 … 29
- 如何完善女性的健康自我意识 … 32

性格决定命运
——女性健全人格的培养
45

- 人格理论概述 … 49
- 性格形成的因素 … 64
- 人格发展与心理健康 … 68
- 女性健康人格的培养 … 76

女性的情绪管理和心理健康
85

- 认识情绪 … 88
- 洞察情绪、调适情绪 … 97

构造桥，而非墙
——女性的人际交往
109

- 女性人际交往概述 … 112
- 女性人际交往的特点 … 117
- 女性良好人际关系的建立 … 120
- 女性健康人际关系的培养 … 127

我工作、我快乐
——女性职业生涯规划
137

职业生涯规划概述　141
影响女性职业生涯规划的心理因素　146
女性职业生涯规划的方法　152

爱你，也爱我自己
——女性的恋爱与性心理
161

爱情的解析　163
女性恋爱心理　169
培养健康的恋爱心理　174

积极面对女性的心理疾病
——女性的心理问题及心理危机干预
181

心理危机概述　184
女性常见心理危机　186
女性常见心理危机干预　190
女性常见心理疾病及预防　193
女性自杀现象分析　208

心理健康,终身受益
——女性心理健康导论

无知的人并不是没有学问的人,而是不明了自己的人。当一个有学问的人依赖书本、知识和权威,借着它们以获取了解,那么他便是愚蠢的。了解是由自我认识而来,而自我认识,乃是一个人明白他自己的整个心理过程。因此,教育的真正意义是自我了解,因为整个生活就汇聚在我们每个人的身心之中。

——克里希那穆提

日常生活中发生在学习心理学的人身上的点点滴滴。

"和一个心理学家结婚的感觉怎么样?""他/她会在你身上运用心理学吗?"人们常常会这样问心理学工作者的配偶。

"你的爸爸/妈妈会分析你的心理吗?"心理学工作者的孩子常会被他们的朋友或同学这样问。

在吃饭的时候,经常有陌生的朋友问心理学工作者:"你觉得我是一个什么样的人?"希望得到即刻的人格分析结果。

对于这些提问的人,或者对于绝大多数只是从一些通俗书籍、杂志或电视节目中获取心理学知识的人,心理学工作者的工作内容就是提供心理咨询、分析人格,或者给教师和家长关于培养儿童的建议。

下面这些心理学家提出的这些问题,是否也时常困扰着你?

你是否发现自己对某些事情的反应和父母一模一样,尽管你曾经发誓永远也不会采取这种方式,所以你是否好奇过一个人的人格会在多大程度上受到基因的影响?又会在多大程度上受到家庭或者周边环境的影响?

你有没有和 6 月龄的婴儿玩过藏猫猫游戏,当你暂时躲在一个人的背后时，婴儿的反应就像是你真的消失了，直到你又突然出现。你是否想过他们为什么对这个游戏这么感兴趣？婴儿又是如何感知、如何思考的呢？

你是否曾经从噩梦中突然惊醒，醒后很想知道自己为什么会做这样荒唐的梦。你做梦的频率有多高？为什么会做梦呢？

你是否想过，是什么促使人们在学习和工作上获得成功？难道某些人真的生来就更聪明一些吗？智商真的能解释为什么某些人会更加富裕、更具有创造性思维，或在人际关系上更敏感吗？

你是否曾经感到沮丧或焦虑，又是什么因素导致我们出现不良情绪呢？

你是否曾经担忧过该如何在不同文化、种族或民族的人群中行事？作为人类的一员，我们在哪些方面是相似的，又在哪些方面有所不同呢？

心理学的目的就是要回答这些关乎我们自身的问题，也就是我们如何思考、如何感受，以及如何行动。

什么是心理学

你想了解自己吗？下面列举了一些日常生活中常见的问题，请做做看，你对心理学知识了解多少呢？

1. 婴儿喜欢母亲，是因为母亲满足了他们的基本生理需要，例如给他们提供食物（乳汁）。（是 否）

2. 天才往往都会社会适应不良。（是 否）

3. 要想让一种行为在经过训练之后能够继续保持，其最佳的方法不是在训练过程中定期给予奖励，而是在行为每出现一次时，就给予一次奖励。（是 否）

4. 精神分裂症患者至少有两种截然不同的人格。（是 否）

5. 如果难以入睡，最好通过药物帮助睡眠。（是 否）

6. 儿童的智商高低与他们在学业上的表现几乎没有什么关系。（是 否）

7. 频繁的手淫会导致生理或心理疾病。(是 否)

8. 人一旦上了年纪,很多行为、习惯都会发生改变。(是 否)

9. 大多数人都会拒绝他人对自己进行痛苦的打击。(是 否)

10. 身体吸引力不是影响我们是否喜欢一个人的重要因素。
(是 否)

11. 人的性格由其星座或者生肖决定。(是 否)

12. 学习心理学之后就能知道别人正在想什么。(是 否)

答案:上述 12 道题的表述都是错误的。你或许还不能完全理解,不着急,读完以下一些观念以后,你就会明白很多。

一、心理学不是常识

我们每个人都有一套有关如何处理人际交往,以及怎样看待自己和他人关系的"理论"。关于这些"理论",人们很难清晰、有逻辑地表达出来,但是却常常体现在谚语、箴言中。但是这种关于心理与行为的"常识"往往又是相互矛盾的。例如,对于要采取行动,有人会说"三思而后行",又有人会说"机不可失,时不再来";对于人与人之间的情感,有人会说"小别胜新婚",又有人会说"眼不见心不烦";对于工作的效率,也有两种截然相反的谚语,"三个臭皮匠赛过诸葛亮"和"三个和尚没水吃";对于人与人之间的吸引,也有"物以类聚,人以群分""男女搭配,干活不累""异性相吸"等。这些谚语若是不分条件地使用,那都是不可证伪的,因而无法认定是科学的结论。

某些世俗的认知是可以被验证的,但是它们往往被心理学研究证实是错误的。例如,有些人认为那些学业成绩优秀、喜欢读书的孩子,体能和社交能力往往会比较差。其实,有大量的调查数据表明,这些孩子不仅体能优秀,而且社交能力很强,且会更容易被朋友接纳。虽然常识对于解释日常生活中的问题可能是有用的,但是常识不是心理学,心理学亦不是常识。

二、心理学是科学

镜头一:一对双胞胎兄弟刚出生不久就被不同的人家领养。近期,他们参加了一项关于双胞胎行为和人格特质相似性的研究。除了他们之外,参与此项研究的还有另外十几对双胞胎。研究者希望通过对共同生活和刚出生就分开生活的双胞胎的心理和行为进行比较,考察遗传和环境对于个体的影响。

镜头二:咨询室里,咨询师正在耐心倾听晓红诉说一件童年的往事。多少年以来，它一直被晓红埋藏在心底，从来没有对任何人说过。她非常痛苦，想要改变却不知道从何做起。咨询师安慰她、鼓励她，同时也让她明白，其实有过类似痛苦的不只她一个人，很多人都曾经有过这样的经历和痛苦。在咨询师耐心地开导下，晓红的心结终于慢慢地被打开。

这两组镜头，描述的都是心理学家要研究的内容。心理学是一门严谨而自由的科学，严谨是因为它要求用数据进行论证，自由是因为它研究的范围非常广泛。从牙牙学语的婴儿，到白发苍苍的老者，社会中的各种职业、各个阶层的人，包括心理学工作者本身，都可以成为心理学工作者研究的对象。从内部生理变化，到外界环境的影响；从简单的个体行为，到复杂的群体活动，这些都可能成为心理学工作者感兴趣的课题。简而言之，只要有人的地方，就有心理学工作者要研究的问题。不仅如此，除人类之外，心理学工作者还研究其他的动物，称之为比较心理学。从实验室的小白鼠，到森林里的黑猩猩，都可以成为研究对象。心理学的研究方法也是多种多样的，从轻松有趣的自然观察，到严谨精确的实验室研究；从简单易行的调查问卷，到复杂深蕴的个案分析。研究方法，因人因时因事而异，所选择的研究课题也非常多样化。

总之，心理学是研究心理和行为的科学，其目的是描述、解释、预测和帮助控制行为。

什么是心理健康

俗话说得好,健康是一,其余都排在健康之后,没有健康,其余的都是零。而心理健康是健康的重要组成部分,没有健康的心理,也不会有健康的身体。对女性而言,心理健康更是学业有成、事业成功、人际关系和谐、生活幸福的基石。因为一切的智慧、成就、财富和幸福皆源于健康的心理。

一、心理健康概述

健康是人类永恒的话题。随着社会生产力的不断发展,人们对健康的认识也通过日常生活经验的积累而不断加深。

1. 健康的概念

1948年生效的世界卫生组织(World Health Organization,WHO)宪章中指出,健康乃是一种身体的、心理的和社会适应的健全状态,而不只是没有疾病或虚弱现象。WHO在1989年又进一步完善并提出了21世纪人类健康的新概念:健康不仅是没有疾病,而且包括躯体健康、心理健康、社会适应良好和道德健康。这个定义将道德健康纳入健康的定义之内。由此可见,21世纪人类的健康是生理、心理、社会适应与道德健康的完美整合。

2. 心理健康的概念

1946年第三届国际心理卫生大会给出心理健康的定义。所谓心理健康指在身体、智能及情感上与他人的心理健康不相矛盾的范围内，将个人的心境发展成最佳状态。美国卫生与公众服务部在1999年发表的《心理健康：卫生部部长报告》中给心理健康的定义为：心理健康是心理功能的成功性表现，它带来富有成果的活动，完善人际关系，有能力适应环境变化和应对逆境。心理健康对个人的幸福、家庭、人际关系、社区和社会是必不可少的。

3. 心理健康的标准

第三届国际心理卫生大会曾具体地指明心理健康的标志是：①身体、智力、情绪十分协调；②适应环境，人际关系中彼此能谦让；③有幸福感；④在工作和职业中，能充分发挥自己的能力，过有效率的生活。

心理学家、人本主义心理学创始者亚伯拉罕·马斯洛认为，健康的心理活动应该具备以下特征：①良好的现实知觉；②自发自动的自己的行为；③能接纳自己、他人和自然；④有独处和自定的需要；⑤讲究原则、不盲目服从；⑥对生活经常有新的感受；⑦社会关系良好；⑧具有民主的态度、创造性的观念和幽默感；⑨心理承受能力强。

另一位人本主义心理学代表学者卡尔·兰塞姆·罗杰斯认为，心理健康的人和机能完善的人，应该具备5种特征：①乐于接受一切经验；②时刻保持生活充实；③高度信任自身机体的感受；④有较强的自由感；⑤有高度的创造性。

在界定上述心理健康标准时，有以下几点需要注意。

（1）心理健康是一个相对的概念。所谓相对性指心理健康只有在与同龄人心理发展水平的比较中才能显现其价值。而人与人之间的个体差异，地域与地域之间、民族与民族之间、国与国之间的社会文化背景差异，又决定了心理健康标准不能绝对化。以上只是粗略地勾勒出心理健康标准，深入研究这一问题则需要进行跨文化的调查才能做到。

（2）人的心理健康水平可分为不同的等级，是一个从健康到不健康的连续体，在两者之间难以分出明确的界线，一些学者（张小乔、岳晓东等）曾提出心理健康"灰色区"概念。具体地说，如果将心理健康比作白色，心理疾病比作黑色，则在白色与黑色之间存在着一个巨大的缓冲区域——灰色区，大多数人都散落在这一灰色区域内。还有些学者将该灰色区域——既非疾病又非健康的中间状态称为"亚健康状态"或"第三状态"。对心理健康的理解，可以有3个不同层次，最低层次为克服心理疾病；中间层次为超越"第三状态"；理想层次为自我实现。换言之，心理健康不是某种固定的状态，而是富有弹性伸缩的一个相对状态。

（3）一个人是否心理健康与一个人是否有不健康的心理和行为不同。判断一个人的心理健康状况，不能简单地根据一时一事下结论。心理健康是较长一段时间内持续的状态，心理健康者并非毫无瑕疵。一个人偶尔出现一些不健康的心理和行为，并不意味着其心理一定不健康。有时只要能适应社会生活，就仍应视其为心理健康。

（4）心理健康是一个文化的、发展的概念。在同一时期，心理健康标准会因社会文化标准不同而有所差异，特定的社会文化对心理健康的要求，取决于这种社会文化对心理健康的各种特征的价值观。心理健康不是一种固定不变的状态，而是一个变化和发展的过程。健康是没有止境的，每一个人都应该追求心理健康和心理发展的更高层次，以充分发挥自身潜能，达到自我实现。

二、女性心理健康的标准

本书撰写的女性健康心理学的适用年龄在 18～50 岁，从心理学的观点看，此年龄段的女性正处于青年中期和成年期。女性的心理具有青年中期和成年期的许多特点，但作为一个特殊群体，女性又不能完全等同于社会上的该年龄段人群。心理是否健康一般采用量表测量，其标准不是固定不变的，会随着时代变迁、文化背景变化而变化。根据我国女性的实际情况，评判女性的心理健康水平应从以下几个标准给予着重考虑。

1. 有正常的智力，能满足日常的学习和工作需要

具有自己所从事的工作的基本能力，也能进行积极的学习。这是女性学习、生活与工作的基本心理条件，也是适应周围环境变化所必需的心理保证，因此，衡量女性的智力是否正常，关键在于其是否可以正常地、充分地发挥自我效能，既有强烈的求知欲、乐于工作，又能够积极参与工作活动。

2. 乐观开朗，对生活抱有希望，有幸福感

对过去的经历抱有满足的态度。回忆起所经历的工作、学习、生活、感情、婚姻等，其中的酸、甜、苦、辣等百般滋味都会涌上心头，最关键的是怎样看待过去的经历。对过去的经历，如果是成功的经验，积累起来；如果是失败、痛苦的经验，就总结经验教训，在以后的生活中尽量避免重复。

对于现在的生活，抱有乐观开朗的心态。不论现在处于顺境还是逆境，都应当抱有积极乐观的态度。这是因为"宝剑锋从磨砺出，梅花香自苦寒来"，逆境对于人的成长大概率是一种磨炼。应该对于未来的生活，抱有乐观积极的态度，并充满希望和憧憬。

3. 有毅力

有克服困难的坚强意志。有毅力的人，在学习、工作和生活中，在自觉性、果断性、顽强性和自制力等方面都表现出较高的水平。意志健全的女性在各种活动中都有自觉的目的性，能适时地做出决定并运用切实有准备的方式解决遇到的问题，在面对困难和挫折时，能采取合理的反应方式，并能在行动中控制情绪，以及言必信、行必果，而不是盲目行动、畏惧困难或顽固执拗。

4. 有正确的自我认知，并且能进行正确的自我评价

有正确的自我认知，并且能进行正确的自我评价是女性心理健康的重要条件。女性在进行自我观察、自我认定、自我判断和自我评价时，能做到自知，恰如其分地认识自己，摆正自己的位置，既不以自己在某些方面高于别人而自傲，也不以某些方面低于别人而自卑，面对挫折与困境，能够自我悦纳，喜欢自己，接受自己，自尊、自强、自制、自爱适度，正视现实，积极进取。

5. 爱自己、爱他人

女性要学会爱自己。时常关注自己的身心健康状态，及时发现、调整和解决自己出现的各种身心问题。珍惜生命、热爱生活，杜绝自我伤害或自我毁灭的想法。

对他人和大自然有一定的爱心，热爱赖以生存的地球，珍爱宇宙万物，没有虐待或破坏的想法。近些年来，自媒体发展迅速，在网上经常能看到虐猫、虐狗、虐待孩子的事件发生，这些都是没有爱心的表现。

6. 拥有和谐的人际关系

良好而深厚的人际关系是事业成功、生活幸福的前提。其

表现为乐于与人交往,既有广泛而深厚的人际关系,又有知心朋友;在交往中保持独立而完整的人格,有自知之明,不卑不亢;能客观评价别人和自己,善取人之长补己之短,宽以待人,乐于助人,积极的交往态度多于消极态度,端正交往动机。

7. 心理行为符合女性的年龄特征

女性应具有与年龄、角色相适应的心理行为特征。人的一生包括不同年龄阶段,每一年龄阶段其心理发展都表现出相应的质的特征,称为心理年龄特征。一个人心理行为的发展,总是随着年龄的增加而发展变化的,如果一个人的认识、情感和言语举止等心理行为表现基本符合年龄特征,是心理健康的表现;如果严重偏离相应的年龄特征,发展严重滞后或超前,则是行为异常、心理不健康的表现。

心理健康与女性的人生发展

健康的情绪、坚强的意志和毅力、良好的性格，这些对女性的智力发展和事业、婚恋家庭成就的取得具有巨大的推进作用；与此相反，不稳定的情绪、薄弱的意志力、存在明显性格缺陷的女性，在工作、生活和婚恋、人际关系中，也往往会四处碰壁。

一、心理健康对人生发展的意义

心理健康是健康的一半，拥有积极、自信、乐观、平和的心态，能够促进自己身心健康的发展，能够促进个人潜能的开发，能够赢取人生的成功。

1. 心理健康是事业成功的基础

在人才素质结构中，居核心地位和关键作用的是人的心理素质。国内外杰出的政治家、科学家和企业家，无不以健康的心理素质作为其成功的基石。美国学者戴尔·卡耐基调查了世界许多名人之后认为，一个人事业上的成功，只有15%是基于他们的学识和专业技术，而85%则是靠良好的心理素质和善于处理人际关系。1976年奥运会十项全能比赛金牌得主凯特琳·詹娜也有类似的表述："奥林匹克水平的比赛对运动员来说，20%是身体方面的竞技，80%是心理上的挑战。"确实，越来越多的研究已证实，诸如稳定的情绪、顽强的毅力、完善的个性、适应环境的能力、随机应变的机智等高品位的心理素质，已成为最具有竞争力的人才资源要素。

2. 心理健康是人生发展的必要条件

一般说来，心理健康的人都能够善待自己、善待他人，适应环境，情绪正常，人格和谐。心理健康的人并非没有痛苦和烦恼，而是他们能适时地从痛苦和烦恼中解脱出来，积极地寻求改变不利现状的新途径。他们能够深切领悟人生冲突的严峻性和不可回避性，也能深刻体察人性的阴阳善恶。他们是那些能够自由、适度地表达并展现自己个性的人，并且与环境和谐地相处。他们善于不断地学习，利用各种资源，不断地充实自己。他们也会享受美好人生，同时也明白知足常乐的道理。他们不会去钻"牛角尖"，而是善于从不同的角度看待问题。

3. 心理健康是人生幸福的源泉

什么是幸福？《辞海》中给出的定义是：人们在为理想奋斗过程中以及实现了预定目标和理想时感到满足的状况和体验。根据这个定义，幸福是一种心理感受、一种主观体验。选择适合个人能力与兴趣的工作并适当要求挑战，这样就比较容易获得生活各个层面上的成就感和满足感，而这正是幸福感非常重要的来源。

二、心理健康对女性的意义

1. 只有心理健康才能正确、客观地认识自己

古希腊的德尔菲神庙的大门上，写着"认识你自己"，希腊人把它视为"神谕"，是最高智慧的象征。人类漫长的历史过程中，充满着对自我的探索。只有正确地认识自己、了解自己，才能扬长避短，把自己塑造成为理想中的人。心理健康的人，能客观地评价自

己并且悦纳自己，既不妄自菲薄，又不目空一切。他们从现实的角度出发，把握自己的行为，从而使自己的行为与环境相适应。而有心理障碍的人，则总是以歪曲的观念看待自己与环境，要么自卑而多疑，要么抑郁而敏感，把自己放在一个不恰当的位置，以不恰当的方式评价自己以及自己与他人的关系，缺乏自知之明，这就使自己的心理永远无法平衡，也就不可能正确认识自己。

2. 心理健康是适应生活的基础

有关研究表明，当女性进入社会，首先面临的就是生活适应问题。而且，在此后的岁月中，女性随时都有可能会遇到生活中各种各样的适应问题。一个人的适应能力与学生时代的成绩并不是保持高度一致的。适应不仅与能力有关，而且与更广泛意义上的个性有极大关系。适应性具有灵活性，而不是固定不变的。

3. 心理健康是职场成功的保证

不可否认，成才的一个重要标准是专业领域里的出色表现。如何发挥这种潜能，如何尽快地适应"社会大学"的学习方法，如何多方面地汲取知识、博采众长，如何使自己的认识能力、思维能力有一个质的飞跃，都与心理素质的好坏息息相关。心理健康的人，有顽强的意志品质，能富有成效地工作；有良好的思维习惯，能正确对待暂时的失败与挫折。这些都为事业上的成功提供了必要条件。而心理素质差的人，即使智商很高，聪明过人，却终日被自己的心理问题困扰，不能正确地对待和处理面临的困难，要么不能迅速适应自己的新角色，要么不能承受一时的挫折和打击，因而往往不能持久而有效地工作，获得最终的成功。

4. 心理健康是适应美满婚恋的基础

婚恋关系可能是非常美好的，也可能是非常糟糕的。而且婚恋关系是两个身心健康、人格成熟的人之间的双向选择，同时也需要两个人共同努力经营。

5. 心理健康是实现良好的社会交往的重要因素

创造自己周围良好的人文环境，不仅可以让自己心情愉悦，高效率地学习、工作，而且与他人交流信息能有比较好的效果。"三人行，必有我师焉"，从彼此的角度看待问题，开阔视野，转换考虑问题的角度，让自己能愉悦地与人相处、成长。

心理健康，是女性全面发展的前提和基础，也是一生应该重点解决的人生课题。因此，以维护、促进女性心理健康为宗旨的女性心理健康教育工作，便有了非常重要的意义。

我是谁,做一个真我

——女性的自我意识

错误并非出自我们的星球,而是出自我们自身。

——威廉·莎士比亚

电影《记忆碎片》可以说涵盖所有惊悚悬疑片的精髓，在该片问世后长达 8 年的时间内，涌现了大批量类似风格的同类作品，当然也包括了沿袭前作的《记忆碎片 2》，但是都无法超越原作。在这部杰出的电影中，我们会时时刻刻绷紧精神，跟随着主人公为寻找自己的过去和面对现实状况而激烈挣扎。

主人公莱纳曾经是一名保险搜查官，由于妻子遭到奸杀，大脑受到巨大的冲击，以致患上"短期记忆丧失症"，只能记住 10 分钟之前发生的事情。在惨案发生的最后一刻，他只记得自己的名字是莱纳·谢尔比、妻子遭到奸杀以及罪犯叫 G·约翰。虽然莱纳决心要找出罪犯复仇，但是除罪犯的名字外，莱纳一无所知。莱纳无奈选择用写备忘录的方式记录发生过的所有事情，他留下无数的纸条和照片，从中将记忆互相连接，挖取有用的信息。但是随着事情的发展，他发现就连他自己的记忆也被伪造了。

在人脑中负责记忆的是海马体，海马体中连接神经元（神经细胞）的突触，一旦受损，就会引起失忆。特别是在大脑受到刺激或是患阿尔茨海默病等疾病后，患者会因脑细胞受损而出现短期记忆丧失症。短期记忆丧失症产生的速度和范围也会因人而异，有的人会像《记忆碎片》中的莱纳一样，连自己是谁都会忘记，另外一些人则会像《初恋 50 次》里的亨利，只是不记得某些特定时间点之后的事情。

患有短期记忆丧失症的莱纳连自己是谁都不知道,更重要的是,他为寻找真我,而在不断提出问题的过程中承受着巨大的内心折磨,因此非常痛苦。莱纳为了寻找真实的自己,不停地写备忘录,把所有人都当作实验对象,不间断地挑战已经消失的记忆。最终,他陷入更加混乱的双重局面中,一方面试图从痛苦的记忆中逃脱,另一方面已经消失的记忆又不断地涌上心头。

在种种矛盾的困扰下,莱纳开始怀疑自身的价值,对生活感到绝望,陷入了极端恐慌和空虚之中。虽然他时时刻刻保持着清醒,但最终仍无法了解真实的自己,也不能确认任何一件事情。所谓的自我整体感缺失,就是这般颠倒人类的生活形态,破坏生活中有价值的事情。

什么是自我意识

　　我们所生活的世界变化万千,日新月异的变化常令我们目不暇接,为了能在世界中找到自己的位置,我们好像更多地学会了如何理解他人却迷失了自己。你是否曾为小小的成绩而沾沾自喜,或为偶尔的困境而自怨自艾?你是否曾抱怨过英雄无用武之地,或曾感慨过自己为什么有那么多的不如意。总是雾里看花,就永远看不到自己的优势,一个人如果看不清自己的优势,就永远不知道自己真正的价值,会盲目自信乃至自大、自傲,或者失去自信,那么生活就会像落花一样四处飘零,找不到力量和根源,经不起风吹雨打,一旦遇到失败和挫折就会一蹶不振。只有找到真正的自我,才能放飞希望、冲出羁绊,去寻找属于自己的那片天空,奏响人生中最美的乐章。只有认识自我、完善自我,才能不断地发展自我、超越自我,才能保证身心健康、积极乐观地生活下去。

　　想要知道自己的外表,可以照镜子。那么,想要知道自己的个性该怎么办呢?在这里,也为你提供一面心理上的镜子。本章内容就是告诉我们,什么是自我意识,女性的自我意识有哪些特点,如何培养健康的自我意识。让我们一起走进自己的内心世界吧!

　　早在古希腊时期,"认识你自己"这句刻在德尔菲神庙上的箴言就激励着人们不断地探索自我、实践自我、超越自我。德国著名作家约翰·保罗曾说："一个人真正的伟大之处，就在于他能够认识到自己的渺小。"但是"人贵有自知之明"又说明一个人认识自己并非易事。认识自己的过程艰难而又曲折，并且贯穿人的一生。我是谁？我是否有价值？我为什么要活着？我又要怎样生活？我努力奋斗是为了什么？我的人生终极目标是什么？女性心灵成长中的各类困惑的背后往往是关于自我认识的问题。

如果一个人最好的朋友是自己，那么最大的敌人也是自己。我们时刻都在和自己相处。如果一个人能够认识自己，并且全然地接纳自己，对自己有合理的期望，而且知道自己为什么而活着，善于利用每个成长的机会，改进自己、完善自己，她的一生就会充实、快乐和有意义。然而，如果一个人不能建立良好的自我形象，就会产生一种角色混淆的感觉。她不会明确自己是谁，也不知道自己走向何处，与别人相处也会觉得艰难。

而自我意识是隐藏在个体内心深处的心理结构，是个体意识发展的高级阶段，是人格的自我调控系统。个体正是通过自我意识来认识和调控自己，在环境中获得动态上的平衡，求得独特发展。

一、自我意识的内涵

在心理学领域，自我可作为英文 ego 或 self 的译语。自我是精神分析意识，是心理发展的最高水平，是人所具有的一种高级完整的反映形式。意识具有社会历史性，即人总是生活在一定时期的社会中。因此，关于社会、关于自己的知识总要受到特定社会生活条件的制约，从而打上时代的烙印。意识必须以觉醒为条件，即一谈到意识就会想到在心理上能否识别自己所处的时间、地点和环境；同时人能认识现实生活中的一般的和本质的东西，并能以此定向自己的活动，尤其是能运用语言进行言语活动，这些都是意识的理性特征。在人的意识中，自我意识占据着最主要的地位。自我意识在一个人的一生中，需要经历一个从无到有、从简单到复杂的过程，而且会随着人生历程的转变而不断发展变化。

依据系统论的整体观点，意识是人类心理机能的整体活动状态。既然人类意识是各系统活动的产物，它应该是包括认知、情感、意志三大方面基本心理过程的整体结构。其中，自我意识是意识结构中最有特色的组成部分。

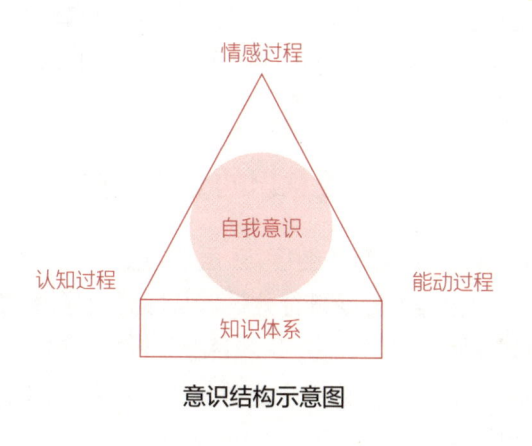

意识结构示意图

自我意识指作为主体的"我"对自己及自己与周围事物之间关系的多方面、多层次的认知、体验和调节。人需要把"我"与"非我"区别开来，能觉察到自己内心的想法、体验和感受，能认识到自己与他人以及自己与周围客观事物之间的关系，逐步积累关于自己的知识。对自己内心活动的觉察及调控，对自己行为的认知，对自己整体的评价，这种关于自己的全部知识就构成了自我意识。自我意识是带有强烈的倾向性的，对事物间特定关系及意义的认识，主要包括认知成分、情感成分和意志成分。自我意识是伴随着个性和社会性的发展，在与周围环境不断相互作用的过程中逐渐产生和发展起来的，是个体社会化的结果，同时，自我意识的形成和发展又不断地推动着个体社会化的进程。

自我意识是认识外部客观事物的基础条件，一个人如果不了解自己，也无法把自己和周围的环境相区别，她就不可能正确地认识外部的客观事物；自我意识是人的自觉性、自控力的前提，对自我教育有着很大的推动作用，人只有在真正地意识到自己是谁，应该做什么，不应该做什么，才会主动地行动；自我意识是改造自身主观因素的途径，它使人能不断地自我监督、自我完善、自我发展。

清晰、正确、明了的自我意识，会引导我们自尊、自信和自爱，这样的人生会多一些幸福、多一些清醒、多一些聪慧、多一些更长远的自驱力。

二、自我意识的心理结构

自我意识是一个具有多维度、多层次且复杂的心理系统，一般可以从形式、内容等多方面进行分析。从形式上分析，主要包括自我认识、自我体验和自我调控；从内容上分析，主要包括生理自我、社会自我和心理自我；从组成上进行分析，主要包括现实自我、理想自我和投射自我。

1. 自我认识、自我体验和自我调控

自我认识属于自我意识的认知成分，是主观我对客观我的认知与评价。它是个体对自己身心特征的认知和在此基础上形成的自我评价，它包括自我观察、自我感知、自我观念、自我分析、自我评价等方面。自我观念和自我评价是自我认识中最主要的两个方面，主要解决"我究竟是一个什么样的人""我为什么是这样的一个人"等问题。

自我体验属于自我意识的情感成分，是通过自我认识和评价产生的一种情绪上的感受。自我体验主要包括自尊感、自爱感、自信感、自豪感、自怜感、自卑感、自傲感、愧疚感及自我效能感等方面。自我体验，主要解决的是"我是否能接受自己""我对自己是否满意"等问题。其中，自尊是最主要的一个方面。自尊指个体对自己的评价及伴随产生的一种情绪体验，其对个体的思维、情绪和行为都会产生强烈的影响。如果要求高自尊和低自尊的人在思维逻辑性、聪慧性、人际吸引性等方面对自己进行评价时，低自尊的个体对自己各方面的评价普遍较低，他们的自我感准确度较差，更容易给人以对自己了解不多的感觉，缺乏自知之明致使他们也难以预测自己是否能经过努力取得成功。

自我调控属于自我意识的意志成分，是个体对自己行为和心理活动自觉的、有目的的调节和控制，主要包括自制、自立、自我监督、自我控制等方面。自我控制是最主要的一个方面。自我控制主要指对自身心理和行为的主动控制，包括自我调节、自我监督、自我制约等，主要解决的是"我应当成为一个怎么样的人""我怎么样能把现实的我改变成理想中的我"。

2. 生理自我、社会自我和心理自我

生理自我是个人对自己的外貌特征等身体状况的意识。人在出生的时候，并不能区分自己和非自己的东西。七八个月大的婴儿开始出现自我意识的萌芽，也就是能意识自己的身体，听到自己的名字会做出明确的反应；2岁左右的儿童，掌握第一人称"我"的使用，在自我意识的形成中是一大飞跃；3岁左右的儿童，开始出现羞耻感、占有心，会要求"我自己来"（要求自主性），其自我意识有了新的发展，这一时期的自我意识被认定为是生理自我时期，也有人称之为自我中心期。它是自我意识发展最原始的状态，能够区分你、我、他，尤其是能够使用第一人称代词"我"，这标志着儿童

自我意识已经形成。

从3岁到青春发育期(即3~14岁),是个体接受社会化影响最深刻的时期,也是社会角色学习的重要时期。儿童在幼儿园、小学、中学接受正规的教育,在游戏、学习和劳动中不断地练习、模仿和认同角色行为,逐渐习得社会规范、形成各种角色观念,如性别角色、家庭角色、同伴角色、学生角色等,并能有意识地调节和控制自己的行为,形成道德观念和道德行为。虽然青春期的儿童开始积极地关注自己的内心世界,但他们更多是通过他人的观点去评价事物、认识他人,对自己的评价和认识也源于权威或同伴的评价。因此,这一时期个人自我意识的发展,正处于社会自我阶段。

从青春发育期到青年后期,是自我意识发展的关键期。个人自我意识经过分化、矛盾、统一,逐渐趋于成熟。这时候的个人开始清晰地意识到自己的内心世界,关注自己的内在体验,喜欢用自己的眼光和观点去认识和评价外部世界,开始有明确的价值探索和追求,强烈要求独立,产生了自我塑造、自我教育的紧迫感和实现自我目标的驱动力,这一时期,被称为心理自我发展时期。青年人的世界观、人生观和价值观的形成是心理自我成熟的标志。

3. 现实自我、理想自我和投射自我

现实自我是从自己的立场出发,个体对现实中我的认识,如"我是一个怎么样的人"。理想自我是从自己的立场出发,个体对将来的我的认识,也就是对以后的我的一种想象,如"我想成为一个什么样的人"。每个人的自我概念中都存在着现实自我和理想自我两个方面。投射自我是"镜中我",想象中别人眼中的自我,如"别人认为我是一个什么样的人"。现实自我、理想自我和投射自我之间可能是一致的,也可能是不一致的,现实自我和理想自我之间的差距不能过大,否则将会引起自我同一性的混乱。

女性自我意识发展的特点

女性自我意识的迅速发展，经历了一个从分化、矛盾到逐渐统一的过程。

一、自我意识迅速分化

随着女性身体的成熟，社会人际关系的日益扩大，女性自我意识开始出现明显的分化。女性开始主动关心自己的内心世界，开始意识到自己内心世界中从未注意"我"的许多方面和细节，对自己的内心活动和行为有了新的认识。

二、自我意识中出现了矛盾和冲突

由于自我意识的分化，加剧了理想自我和现实自我之间的矛盾冲突，女性开始对现实自我不满意，产生了对"我是什么样的人"和"我希望成为什么样的人"之间的困扰。同时还产生了独立性与依附性、社交性与封闭性、自尊感与自卑感等矛盾，这些矛盾一方面会使女性产生不安和焦虑，另一方面也会促使女性对自我进行积极思考，使自我意识逐渐统一。

三、自我意识的统一

女性为了解决自我意识的矛盾和内心冲突，就要设法寻找各种方法和途径确定理想自我的正确性和可行性,开始有目的、有计划地采取有针对性的措施去解决矛盾冲突,使理想自我和现实自我逐渐达到协同统一。女性自我意识的统一并不是一次形成的,而是经过不断地分裂－矛盾－统一的螺旋上升过程,所以女性经常会表现出激烈的思想斗争和内心的冲突,常常伴有强烈的情绪反应,这就需要一个积极、优良的外部引导环境,同时个体也要积极发挥主观能动性,才能形成良好的自我教育机制。

【心理案例】

我,就是这样优秀

案例描述:晓雪,女,26岁。晓雪家境很好,深受父母宠爱。同事和朋友们都认为晓雪身上有一种让人不舒服的傲气,自我感觉非常好,认为自己既聪明又美丽,而且常常会站在同事的电脑后面说"你怎么这么笨呢,这么简单的工作都搞不定!"每当有同事和朋友们说别人好时,她就表现出不屑一顾的样子说"哼,有什么了不起的,还不到我的优秀的一点点。"晓雪自己说:"我真是冤枉呀,我有什么不对呀,我就是比他们优秀呀,我工作经常得到领导的表扬啊,再说了,没有我,工作能有这么好的业绩吗?没有我,我们这个团队能评得上优秀团队吗?我怎么就惹到他们了,我看他们就是赤裸裸地嫉妒我。"

案例分析:晓雪显然是自我意识出现了偏差,她不能客观地分析自己,往往把自己的优点无限地扩大,却对自己的缺点视而不见,自我标榜,趾高气扬,过高地估计了自己在同事和朋友中的位置,不能和他人和睦相处。

建议:针对晓雪的状况,首先应该改变她的思维方式,骄傲的极端是狂妄,狂妄的源头是自高自大。其次是学会换位思考,让她试想一下如果自己辛辛苦苦获得成功,别人却对此嗤之以鼻,你会有何感触?不仅要让她思考,而且要督促她采用日记等形式记录她每天的言行,再建议她自己对自己提出一些建议。这样慢慢地使她认识到自己的有些想法不合适,并逐渐学习用客观的眼光看待自己的言行和周围的事物。

如何完善女性的健康自我意识

个人对自我的认识决定着其人格的发展和健康心理的发展。一个具有积极、统一自我意识的女性，对现实自我和理想自我的认识比较清晰和客观，形成了较好的自我同一性。这样的女性往往有具体的目标，心情愉悦，积极乐观。与之相反，一个具有消极统一自我意识的女性，对自己的评估常或高或低，理想自我与现实自我之间的差距也会过大。这样的女性往往容易悲观、失望，很难有所作为。自我同一性混乱指女性还没来得及认识自己，就要面临来自生活及社会的多重选择，她们的情绪常常陷入困境，对自己究竟是什么样的人及自己的理想和未来持质疑态度，会产生自我矛盾和冲突，引起同一性混乱。自我意识对人格的形成起着调节作用，引导着人格向着更高的目标发展，以完成人格的自我完善。自我意识水平是人格成熟程度的重要标志，也是心理健康的重要标志。

一、提升自尊，人生同时也会提升

尽量积极地接纳自己，我们自己对"我"是如何评价的，这一点对女性而言尤为重要。自尊比较低的话，就会经常表现出对他人的敌意和忌妒，同时也对周围的环境和状况表现出冷漠或者不安的态度，而且还很容易做出冲动的行为或说出不合适的言语。这样的人在遇到压力的时候，会很容易陷入抑郁和焦虑，无法很好地适应环境。严重时，还会采用过度饮酒、暴饮暴食、自残甚至是自杀等极端的方式。

近几十年来，世界各地上述极端行为突然增加，包括日本演员、韩国演员的自杀事件，部分的原因也可以从这个角度进行分析。受大众喜爱的演员们在人气下降或片酬降低时，会产生贬低自我价值的倾向。需要注意的是，人气和别人的认可会直接影响到自尊的形成，所以当这一切突然消失的时候，人们就会陷入混乱，很难再做出理性的判断。

在我们决定自己的想法和未来前途的时候，自尊也会起着相当重要的作用。高自尊的人比低自尊的人，会拥有更加合理且有指导性的决策能力。与此相反，自尊较低的人在做决定时，常有依赖他人的倾向，对于自己未来的前途也会常常表现出不确定的态度。自尊之所以在女性健康的心理中占有如此重要的地位，也是由于这个原因。

随着年龄的增长和经验的积累，自尊会从更加细分的层面表现出来。特别是上学以后，我们在学业、身体和社会各个方面积累了经验，自尊也会随之发生变化。这时不完全是学业和工作上的成就，运动做得好，或者是在某些特定的领域表现出天分而受到家人、朋友或同事们的肯定，我们就能通过自我价值被客观认可的感觉，完成对自我的积极评价。自尊就是这样受到多种因素的直接影响，包括个人感受到的情绪上的支持、社会的认可水平、成就经历、和家人父母的亲密关系及家庭环境等。因此，一般在青年期的初期，很多人的自尊暂时处于较为低下的水平。

自尊是根据多种多样的社会经验形成的，并且它也会根据生活历程发生变化。虽然从经历和生物学的角度看，每个人的自尊都是有差异的。但是真正的自尊不是通过外部条件,而是通过内心的坚强力量形成的。在我们逐渐了解现实,积累生活和工作经验之后,通过与同龄人的比较,我们会更加客观地评价自己。我们需要摒弃别人的视线和社会偏见,认可自己的价值,即使遇到各种难关,也应该拥有不被打趴下的信心,这样我们才能塑造起真正的自尊。如果能够保持这种健康的自尊度过人生发展的各个时期,我们这一生也能抱有比较好的心态,与众不同的心理韧性。

【心理案例】

两次辞职的困惑

案例描述:别人也许应聘很多次都不一定能去到的很好的上市公司,25岁的李燕(化名)已经成功地入职过两次了。李燕一毕业就入职一家很知名的上市公司,虽然应聘的岗位并不符合她大学所学专业,但由于周围人的期望值很高,她最终还是选择入职。然而,有些问题不是光靠知名公司带来的光环就能解决的,李燕因无法承受该岗位的压力,坚持不到半年就辞职了。经过艰辛的准备,这一次,她入职了另一家知名公司,部门所需要的专业也是她所学的。但是问题依旧没有就此结束。无法适应新公司工作方式的李燕再次陷入抑郁和焦虑,生活也变得一团糟糕。"谁都没法理解我的孤立感,而不能向任何人诉说的罪恶感变成了巨大的恐惧,我常常想象到一把尖刀猛刺进胸口的感觉。"李燕这样表述当初的状况。彻夜失眠的她,以泪洗面,再次离职。李燕回忆说:"抑郁症和焦虑症所产生的悲伤、不幸、绝望、孤独和负罪感,我都能够承受,但是让我一下子精神坍塌的是自己毫无价值的感觉,也就是说已经变得微不足道的自尊都丧失殆尽了。"

案例分析：给予李燕最大的打击不仅来自抑郁症和焦虑症，还有丢失的自尊。幸运的是，李燕通过心理咨询再次找到了自尊和自我价值，并且开始面对和解决工作中的各种问题。

二、自我效能——注入成功的力量

自我效能指对自己能力和效率的自信，以一种对自己有信念和自我满足的形态展现出来。

当我们在二十多岁时，开始为成人期的生活制订一定的人生规划，只有充满了自我效能，才能更好地规划自己的道路，有意识地往前走。此外，如果想要积极地利用得到的机会并且最终走向自己或者社会认可的成功，也一定要锻炼好自我效能。

自我效能高，就会形成积极的自我观念，从而会喜欢具有挑战性和较为困难的目标。我们还会为了实现自己所选择的目标，有方向性地努力，并且获得实现高成就的推动力。与此相反，如果自我效能低，做任何事情都不会有十足的信心，而且很容易患上抑郁症和焦虑症。

当人们面对严重的压力刺激时，自我效能就会影响人们选择如何解决威胁，以及更进一步的解决方法。自我效能高的人，在面对有威胁的环境时，会自发地制订下一步的行动和战略，从而把环境变得更为友好，如主动利用空余闲暇时间，将其作为旅行或者深造等自我开发的机会，这些活动不仅可以减轻压力和不安，还在恢复心理创伤方面扮演着重要的角色。有研究表明，因自然灾害、人为灾难、恐怖袭击、战争及性暴力等经历而造成心理创伤的人，自我效能越高，恢复的速度也就会越快。

自我效能在某种程度上会受到天生气质的影响，另外，多次重复的失败、挫折、压力和心理创伤等因素，都会造成自我效能降低，甚至坍塌。这时需要通过几种训练提高自我效能。提高自我效能的方法主要有以下几种。

1. 积累小的成功经验

不断地积累小的成功经验，事情本身的重要性或者大小都没有关系，如拿到了难度不大的资格证、每天做瑜伽、每周或者每个月读一本书、控制体重，只要设立目标并且最终完成，心里就会觉得很满足，同时也会产生自我信任。"我是一个能做到这种程度的人。"这样的想法会激励人产生自信心，并提升自我效能。

2. 观察成功人士

观察周围人的成功经历，获得替代性的感受也是一个很好的方法。看到与自己能力相当的同事或者朋友成功之时，会同时产生"那种程度我也能做到"的想法。观察成功人士也是传递积极精神的好机会，只有经常接近心态好、主动的人以及积极乐观的氛围，才能逐渐形成健康的自我观念。这段话可能会被认为有些肤浅，但是希望我们都记住，这是非常现实以及直接的信息。

3. 称赞和鼓励

能够直接影响到自我效能的另一个因素就是称赞和鼓励。在我们成长的阶段，经常受到称赞和鼓励的人群，大多数的自我效能都比较高。这一点在学校或者职场、婚恋关系里也是相似的。经常受到周围人或者上司、伴侣称赞的人，时间越久，成就感就会越高。因为随着自我效能的提高，树立并且完成目标的推动力也就更强了。自己称赞自己也是会有效果的，经常给予自己正面的暗示，发出声来重复想要传递给自己的信息，这些都是值得尝试的方法。

【心灵栖息地】

每一天都是崭新的自己——关爱自己、关爱内心

现在,每天我都会把自己和屋子收拾得干干净净。

现在,每天我都要按时吃饭、按时锻炼、按时休息。

现在,每天哪怕再忙或者再闲,我都要安静十分钟,听一些放松的音乐或者思考一些问题……

很久以前看过一篇文章,一位母亲让女儿每天打扮得很美丽,因为她鼓励自己的女儿说:"你今天就是最年轻的,因为和明天比起来,你每天都是生命里最年轻的一天。"

日复一日、年复一年,心事和世事时刻都在变化,连预期和愿望也在改变,无法预计的变化随时随地发生。你、我、他都在变,这就是无常。

时间见证的是生命中的恒常与无常,是熵中的不可逆性,时间让我们的身体一天天地变老。

变幻是生命的常态,能安然地活在变幻之中,人才能真正地安心自在,不再忧心由变化带来的不稳定性,但这很艰难,因为我们习惯了安逸。

但是一直稳定的日子,又怎么可能真正地安心?会不会又开始不满,被迫困在日复一日、年复一年的生活之中,因为害怕失去而死守,却牺牲了追求内心真正的理想和向往的自由的机会。

人要活在恒常和无常、激情和平静的平衡之中,才能慢慢地使自己圆满,感觉舒畅安宁。关键在于是否真正懂得爱自己、爱他

人、爱世界。爱自己，首先是要看到自己内在的需求，如观察自己的情绪、情感、生理、心理状态等，明白当下此时此刻的自己，到底真正需要什么，而不是外在追求什么，满足社会对自己的要求。爱他人，是明白我们并不是孤岛，我们愿意去爱周围那些爱我们和我们所爱的人。爱世界，是明白我们活着，不只是为了满足自己，这个世界足够好，生命才能延续下去。

人生，过好当下的每一天，最重要的是自力更生。多少人会在每一天开始的时候，更肯定自己，更爱自己，更懂得爱自己身边的人，爱这个世界？我们只希望工作顺利、恋爱顺利、财富增长、家人健康，但是我们也许忘了要实现这些，关键在于先懂得爱，尤其是爱自己。

我们可以扪心自问，有多少日子，你已经忘记了和自己好好地相处，关心自己的身体和心灵所需；多少日子，你只顾着拼搏和期望，却忘记关爱每时每刻都在为自己"操劳"的器官；有多少日子，你已经忘记关心别人的感受和需要，只顾着机械地为自己和别人安排稳定，却忘记也应该照顾彼此的不稳定性，学习随遇而安。

有多少日子，你已经忘记对和你相处的人露出微笑；有多少日子，你理所当然地享受着身边照顾你的人对你的好，忘记由衷地对他们说一声谢谢，给他们一个温暖的拥抱；有多少日子，你把所有自己的事情和朋友放在第一位，总认为自己的爱人因为爱你，所以理应能包容你的任性；有多少日子，你忘记了爱人，只想到被爱；有多少日子，你养成了惰性，依赖别人，纵容自己的欲望；有多少日子，你让别人承担你的陋习和脾气，默默忍耐你的诸多缺点，而没有顾及对方的感受和需要；有多少日子，你只记得自己，不再考虑别人；有多少日子，你已经对感觉和事情麻木，不再有哭和笑的生理反应；有多少日子，你为了追逐名利，抛弃曾经患难与共的伴侣；有多少日子，你执着于不该爱也不应该继续爱的人，不愿意放手；有多少日子，你明知痛苦，也不愿意离开让你受苦的人和工作，以及环境；有多少日子，你已经放弃了运动，选择继续黑白颠倒，暴饮暴食，以"每个人都有一死"作为堕落的借口；有多少日子，你用只相信命运，为自己不再努力、没有勇气而寻找借口；有多少日子，你扮演受害者的角色，把痛苦推给了别人；有多少日子，你自怨自艾，放弃了善良，拥抱了自私；有多少日子，你不敢再照镜子，害怕看到自己不好的样子；有多少日子，你宁愿懦弱，也不愿坚强地承担自己为生活所做的选择；有多少日子，你已经变得了无生趣，乞求别人的怜悯；有多少日子，你忘记了天真快乐的本能；有多少日子，你只会说"可以"，不敢高声说"不"。

没有人每天都能活得很好，但却有人可以活得比昨天更好。

三、当理想我遇到现实我

心理学家很早就观察过人们对"自己"各种各样的体验和认识，并通过观察，将这些自我观念分为实际经历的自己和理想中的自己。现实自我按照字面意思解释，就是直接体验生活的自己，如"我"现在的性格、价值、性别等。而相反的是，理想自我指我们在能力、作用、社会地位、性别及外貌等诸多方面所设定的理想目标。

那么，如果现实自我和理想自我在我眼前"相遇"了，会发生什么样的事情呢？这两者会非常自然地结合，或者没有，结果都将是超乎想象的。在进入青年期时，如果没有经历过理想自我和现实自我的背离，就能够自然地实现理想自我，并且幸运地"软着陆"成为社会人。但是随着现实经验范围的扩大，我们就会明白理想自我和现实自我的不同，自尊和自我效能感也会随之下降，这时，心中的平衡就会被打破，并陷入一种混乱的状态。

1. 自我差异的煎熬

现实自我和理想自我之间究竟有着什么样的差异呢？跟预想的一样，当个人的实际行为或者经历和理想自我吻合，人就能够达到自我一致的状态，此时没有压力或者不安，会感受到一种心理上的安宁。现实自我和理想自我一致的程度越高，人的幸福感和对生活的满意度也就越高，而且比起愤怒、嫌恶、害怕及羞耻等消极情绪而言，此时的人更有一种表现出高兴等积极情绪的倾向。

相反，当现实自我和理想自我不一致时，不安和防御等心理上的压力就会随之而来。例如，现在很多大学毕业进入职场的年轻人，越是自我观念强的人在现实中处处碰壁，发现现实自我和理想自我不一致的时候，越是会受到挫折。因此，那些在青少年时期就被当作所谓的"优等生""模范生"的人中，很多在受着自我差异的煎熬。

这种自我差异和成瘾性也有关系。有一项调查结果表明，与没有吸可卡因的人相比，可卡因成瘾者的现实自我和理想自我不一致的概率要高得多，调查结果还表明他们会更多地感受到与抑郁相关的情绪。

2. 将自己相反的形象当作前行的动力

自我观念中对成人期最需要关注的就是，将这一时期自己的形象分为"希望的我""期待的我""害怕的我"分别看待。"希望的我"指对未来茫然的梦和幻想，人们一般不认为这些梦想一定能够实现，所以即使没有达成梦想也不会有很大的失落感。相反，"期待的我"则是更为积极的形象，具有很高的成功可能性，为了实现希望的目标做好准备或者制订计划，并且会根据计划独自行动，同时又具备控制能力。"害怕的我"指想要回避的消极形象，指的是想要回避却又无法回避的,会唤起心中恐惧,害怕会变成那样的自我形象。

3. 积极悦纳自我,接受不完美的自己

所谓悦纳自我就是乐于接受自己,喜欢自己,承认自己的价值的一种积极心理状态。具体表现为能客观地分析自己,一旦遇到挫折和失败,能很快地从不愉快的状态中解脱出来;能理智地看待自己的长处和短处,冷静地对待得与失;性情开朗,生活乐观,经常产生自豪、愉快和满足的情绪情感体验;生活中始终保持自爱、自尊和自重,有远大理想并以此激励自己。培养女性积极悦纳自我的态度,就是要引导她们积极、客观、公正地评价自己,使她们学会扬长避短,建立胜不骄,败不馁的态度,以平常心看待生活中的胜败。

【心理词典】

自我差异

根据希金斯的自我差异理论,人类拥有现实自我、理想自我、社会自我共3种"自我"。现实自我指对自己实际形象的认知,理想自我指对自己想要拥有的自我形象的信念,而社会自我则是对自己应该成为的人的信念。人类在感受到现实自我、理想自我和社会自我之间有不一致时,就会产生不适的情绪。当现实自我和理想自我不一致时,就会感到抑郁、沮丧、悲伤等情绪;当现实自我和社会自我不一致时,则会感到动摇或者不安等情绪。

儿童的理想自我和现实自我还没有区分开,他们也无法认知两者的区别。"自己"的概念对于他们来说,就是单纯的物理属性。人们从青少年时期就开始能感受到现实自我和理想自我的不一致,这就意味着这一时期已经发展成熟到可以去分析现实自我和理想自我的程度。因此在青少年时期,"自己"的概念是成熟的指标。

而到成人期时，"自己"的概念就成为一种可以说明不安、抑郁等消极情绪产生原因的指标。

【心灵栖息地】

你就是最优秀的

据说，古希腊哲学家苏格拉底在晚年时期曾经想要找一个年轻人来做自己的接班人。他觉得弟子莫利是一个很不错的人选，但是他身上似乎还缺少点什么，于是便决定再考验考验他。他把莫利叫到床前，说道："我的蜡所剩不多了，得另找一根蜡接着点下去，你明白我的意思吗？"

"明白。"莫利赶紧说，"您的思想光辉是得要很好地传承下去。"

"可是，"苏格拉底慢悠悠地说，"我需要一位最优秀的传承者，他不但需要相当的智慧，还必须有充分的信心和非凡的勇气。你帮我寻找一位，好吗？"

"我一定会竭尽全力。"莫利回答。

苏格拉底笑了笑。

忠诚而勤奋的莫利不辞辛苦地通过各种渠道开始了寻找。可他找了一个又一个，总被苏格拉底——婉言谢绝。一次，当莫利再次无功而返的时候，病入膏肓的苏格拉底硬撑着坐起来说，"真是辛苦你了，不过，你找来的那些人，其实都不如你。"

"我一定会竭尽努力。"莫利说。

苏格拉底笑了笑，不再说话。

半年之后，苏格拉底眼即将告别人世，最优秀的人选还是没有眉目，莫利非常惭愧地说："我对不起您，令您失望了。"

"失望的是我，对不起的却是你。"苏格拉底很失意地闭上眼睛，停顿了许久，才不无哀怨地说，"本来，最优秀的是你自己，只是你不敢相信自己，才把自己忽略、丢失了。其实，每个人都是最优秀的，差别就在于如何认识自己、如何发掘和重用自己。"一代哲人永远离开了他曾经深切关注着的这个世界。

莫利非常后悔，自责了整个后半生。

思考：每个人都是最优秀的，差别就在于如何认识自己、如何发掘和重用自己。

看完了这个故事，我们也许有一些感慨，苏格拉底为什么说莫利丢失了自己？那是因为莫利从来没有认真地认识自己，愉快地接纳自己，即使看到自己的有利条件和时机，也总是认为这些条件和时机是为别人准备的，与自己并不相干，甚至认为自己根本不具备这些条件。

读了这个故事，你是否看到自己曾经否定过自己，觉得自己一无是处？也抱怨过自己，讨厌过自己，看轻过自己？其实，我们每个人都是未经雕琢的璞玉，如果自认为是一块扔在马路边都没有人要的石头，那么别人也就会认为你一文不值；如果自认为是一块玉石，那么别人也会认为你就是价值连城的和氏璧。每个人都有自己引以为豪的优点，也有自己都会嫌弃的不足，但是我们没有任何理由不喜欢、不欣赏自己。每个人自出生以来，就是这个世界上独一无二的，连双胞胎都没有一模一样的。每个人对你的看法也许都不一样，甚至父母和抚养人、监护人、老师及朋友们对你的看法都不一样，只有我们真正地学会正确、客观地看待自己才是最重要的。我们必须学会认识自己、了解自己、理解自己，学会悦纳自己。

【心理小贴士】

养成好的习惯,培养积极的自我形象

下面是一些建议,如果将它们变成了我们的习惯,将有助于培养更为积极的自我形象。

1. 不要随便给自己贴上消极的标签,例如笨、无能、肥胖、矮小及丑陋。

2. 尽量不要将自己和他人作比较,请记住,你自己就是独一无二的,欣赏自己的独特之美,也要给别人应有的尊严,因为我们每个人都是独特的,学会欣赏这些差异。

3. 记住每个人都有不知道的问题和弱点,有些人看起来似乎很完美,似乎只有优点,没有缺点,不要相信我们的眼睛,要相信大部分的人都是普通人,即使再自信的人,也有感到不安全的地方。

4. 尽可能地与处事积极、喜欢与你同行并共享人生的朋友交往。

5. 笑口常开,寻找并体会人生中的幽默。有句话说得好:"爱笑的女人一般运气不会太差。"

6. 处事积极乐观,看看能坚持多长时间可以不用否定和消极的言语和想法对待他人或事。

7. 放松自己。

8. 多读书、常思考,体悟宁静之心,特别是在困境时。

9. 遇到失败,多复盘,找到导致失败的真正原因,面对、解决和放下,切莫自责不已。

性格决定命运
——女性健全人格的培养

人生下来不是为了抱着锁链，而是为了解开双翼；不要再有爬行的人类。我要幼虫化成蝴蝶，我要蚯蚓变成活的花朵，而且飞舞起来。

——维克多·雨果

上海交通大学从2009年9月起开始实施在"知识传授＋能力建设＋人格养成"三位一体的育人理念下制订新的课程表。每位上海交大毕业生将会有三份"成绩单"，一份是学业成绩单，一份是能力方面的证书，一份是对人格养成经历方面的描述。

上海交通大学经过近些年来对培养拔尖创新人才理念和育人体系的思考和讨论，从2008年开始启动对本科教育教学的全面改革，将单一知识传授型的教育方式，转变为"知识传授＋能力建设＋人格养成"三位一体的全方位育人体系，以学生为中心，课内与课外相结合，科学与人文相结合，目的是全面培养新时代的面向各领域的具有创新精神和领导能力的领袖人才，并以此回应校友钱学森先生提出的杰出人才培养的大问题。

时任上海交大校长张杰表示，要培养未来中国发展的领袖人才，最重要的是能力建设和人格养成，而非知识传授。其中，完善健全的人格尤为关键。为全方位培养学生的理想主义精神、感恩和责任意识，不能仅仅依靠课堂教育，更多应该在实践中获得。为此，上海交大正在探索将目前自发、分散的学生社团社会实践和志愿活动纳入学校的整个育人体系中。今后，交大学生毕业时，除常见的学业成绩单外，还会获得一份有关学生能力特点的证书，以及一份结合了思想、修养教育课堂成绩和课外实践情况的"人格养成"情况的证书。这份"人格"毕业证书,将如何量化或是仅采用描述方式出具,仍在研究之中。

  向大学生颁发"人格证书"的消息一经传出,就引起社会上不小的轰动。人们不禁要问,什么是人格?如何培养大学生健康的人格?为什么要专门颁发"人格证书"?一系列关于人格问题的研究成为社会关注的重要话题。就让我们从人格理论的学习中理解人格吧。

人格理论概述

人格是心理学体系中的一个重要分支,其主要特征是将人性作为其核心,关注整体的人。所以人格是一个极具综合性与复杂性的概念。

一、人格的概念

在现实的工作和生活中,我们看到有人聪明敏捷,有人愚笨迟钝;有人坚强勇敢,有人胆小懦弱;有人谦虚谨慎,有人骄傲自大。这些都表明了人们的心理千差万别,正如"人心不同、各如其面"。我们经常会说身边的人性格不同、气质迥异,从心理学角度而言,这就是人格的问题。

人格,英文personality,这个词源于拉丁文"persona"。意思是演员在台上唱戏时佩戴的表示某种典型特征的面具,有些类似我国京剧中的脸谱造型。人格是一个存在着很大分歧的概念,不同的学者由于所评估的角度不同,对"人格"一词的理解也就各不相同。我国心理学界一般认为,每个人的行为、心理都有一些特征,这些特征的总和就是人格。人格特征可以是外在的,也可以是隐藏在内部的。

二、人格的基本特征

心理学中有这样一句名言:"你像所有的人,全世界的人类所共同具有的特征你都具有；你像一部分人，像你的文化背景下的一些人；你不像任何其他的人。"前面两点强调了人格的社会性，最后一点强调了人格的独特性。心理学上认为人格有四个特性：整体性、独特性、稳定性、社会性。

1. 人格的整体性

人格的整体性是指人格中的多种心理成分和特质是紧密联系，综合体现在人的心理与行为上的。表现在外的人的行为不仅是某个特定部分运作的结果，而且总是与其他部分紧密联系、协调一致进行活动的结果。

人格心理结构

人格		
个性倾向性	自我意识	个性心理特征
需要、动机、兴趣、价值观等	自我认识、自我体验、自我调节	气质、性格、能力

人格中的自我因子负责将人的心理特质与行为统一组织起来，并监控和协调人格结构各要素的关系。尽管表现在社会环境中的我是带有"面具"的，但却与卸下"面具"的真我共同构成人格的整体性，使个人保持与现实环境的协调一致。

如果没有这种一致性，人们就会长期处在对立的动机、价值观、信念的斗争中，人的心理活动就会出现无序的状态，被称为"双重人格"或者"多重人格"。

【心理案例】

24重人格

《24重人格》是上海译文出版社出版的一本纪实性文学作品，

作者是卡梅伦·韦斯特,译者是李永平,主要讲述了多重人格患者卡梅伦·韦斯特的各个分身们和谐相处的故事。

作者在该作品中描述了多重人格患者的各个分身们和谐相处的前所未有的珍贵资料,包括心灵扭曲的痛苦、诡秘的气氛和最终的希望的故事。

"我究竟怎么了,我仿佛被恶魔缠住了,在镜子面前的我说着一些莫名其妙的话,我的嘴巴里发出别人的声音",在说这些话的时候,卡梅伦·韦斯特30多岁,是一位成功的商人,拥有幸福的婚姻和可爱的孩子,这个声音是戴维发出来的。戴维是第一个出现在韦斯特生命中的分身,是他的24个分身中的一个,他详细地描述了韦斯特小时候的恐怖受虐经历。还有8岁的克莱,紧张兮兮的,说话结结巴巴;12岁的尘儿,温柔、能干,她对于自己生活在一个中年男人的身体里感到很失望;巴特,开朗幽默,以孩子信任的保护者身份自居;利夫,浑身充满精力,干劲十足,总是将自己的意志强加给韦斯特。还有其他19个分身,他们的性格、习性、记忆都不同。

对于卡梅伦·韦斯特来说,他的躯体不只是一家"伤心旅馆",他的24位"分身"或者说"他我",一个个提着行囊来到旅馆,入住他心中那一间间早已客满的房间。有些只逗留几天,然后悄然离去,不知所终。有些一住进来就赖着不走,大有在此终老、与旅馆共存亡之势。他们盘踞着韦斯特的心灵,接管着他的身体,结果韦斯特变成了24个人。也就是说,当韦斯特用低沉浑厚的男中音与你侃侃而谈之时,他极可能会以一种童稚的嗓音说:"我想尿尿。"甚至,在与妻子亲热时,他也会突然变成一个4岁左右的小女孩。对此,你会不会惊骇莫名?

这是事实,是一个叫卡梅伦·韦斯特的美国人的亲身经历。韦斯特是心理学博士,同时又是一名分离性身份识别障碍患者。患病时的韦斯特早已过了而立之年，是一位成功的商人，与他哥哥经营着一家很好的公司，也有了温柔贤惠的妻子、聪明可爱的孩子。事业成功，家庭幸福，一切都令人满意，甚至让人羡慕。然而，有一天，情况突然起了变化，韦斯特仿佛恶魔缠身，变成了好几个性格、习性和记忆各异的孩子或小伙子，嘴里发出别人的声音，驾车外出却找不到回家的路，还被一个神秘声音指使屡次割伤自己的手、抓破自己的脸……这究竟是怎么一回事？他疯了吗？

原来，这一切与韦斯特的外婆、母亲和一位陌生男人有关。在韦斯特小时候，他们都曾强迫他进行过某种性行为。当时的韦斯特没有办法应对这种经历，而为了保护自己，以免让自己沉溺在这种恐怖的经历中，他就必须让自己跟这些事件"分离"开，这就产生了所谓"人格分裂"。分离出来的一部分自我（分身）暂时带走了有关虐待的记忆和感受，但并没有消失，而是隐藏在韦斯特内心深处的某个角落里。多年以后，这些"分身"，连同当时的记忆和感受，像是一根根从大海淤泥深处翻腾上来的腐草，开始浮出水面，随波逐浪，时沉时浮，于是韦斯特也就有了不同的"我"。

为了治病，韦斯特不得不卖掉公司股份，远走他乡，带着妻子和孩子搬迁到加利福尼亚州。然而，对于韦斯特来说，这里并不总是阳光明媚，妻子开始频频与人约会，孩子对于自己的病情也并不是一无所知。屋漏偏逢连夜雨，韦斯特该怎么办？他的病有治愈的希望吗？如何应对棘手的家庭危机？如何面对幼小的孩子？这些都是迫在眉睫、不容回避的问题。

韦斯特遭受人格分裂痛苦折磨数年之久，其间的人格裂变、身份转换、恐怖、忧惧、犹疑、软弱、消沉、绝望等，绝不是非亲历者所能体会的。如今，他将这番心路历程著作成书——《24重人格》。作者就是书中痛苦的主人公，是心理学家同时是精神疾病患者，正是这种似乎不可能的事实赋予了本书巨大的魅力。很难想象,一本心理学著作可以写得如此优美而又惊心动魄。24位分身,无论是第一个现身的"戴维"、紧张兮兮的"克莱"、温柔能干的"尘儿",还是精力充沛、干劲十足的"利夫",一个个在作者细腻的笔触下浮现,栩栩如生。在书中,你可以体会到一个孩子在恐怖的驱逐下藏身在深夜的黑暗角落时那种欲呼无声的痛苦,可以触摸到患者掩面哭泣时从指间流淌下来的冰冷泪水,可以听到一群分身争辩时热闹而诡秘的叽叽喳喳声,可以看到分身们通过韦斯特的手写下的日记,其中的一个写道"救救我"。当然,你也会因患者妻子伟大的爱对她肃然起敬,因怀疑他们的幼子能否承受这一切而忧心忡忡,因患者最终满怀信心而欢欣鼓舞。

一些心理学家赞誉本书为"心理学巨著",其实,某种意义上讲,它也是有关人的生活,尤其是人的精神生活一个梦魇般的隐喻,与每一个精神健全或不健全的人都有些关系。人人都在疾病中行进,不妨将本书与弗洛伊德的著作、陀思妥耶夫斯基的作品、费尔南多·佩索阿的《惶然录》一并阅读。

2. 人格具有独特性

人格的独特性是指,每个人都有与他人不同的人格特征。正如德国哲学家莱布尼茨所说:"世界上没有两片完全相同的绿叶。"当然,这个世界上也没有两个人格完全相同的人。即使是在遗传上最为接近的同卵双胎,其人格也是有差别的。人格的独特性充分地表现为人们在需要、动机、兴趣、爱好、价值观、信念、能力、气质及性格等方面的差异。

3. 人格具有稳定性

人格的稳定性是指由各种心理特征构成的人格结构是比较稳定的,它对人的行为影响是一贯的,具有跨时间的持续性和跨情境的一致性。我们要从时间和空间两个方面的特征来理解人格的稳定性。

从时间角度来看,在人生的不同时期,人格的持续性首先表现为"自我"的持久性。一个人可以失去一部分肉体,改变自己的职业,贫穷或富有,幸福或不幸,但他仍然认为自己是同一个人。这就是自我的持续性。

从空间角度来看,人格的稳定性表现在人格特征跨情境的一致性。比如,一个外倾型的人无论是在学校,还是在校外活动中都善于结交朋友,喜欢聚会,这样经常表现出来的稳定的心理和行为特征就是人格特征,但他偶尔表现出来的安静的行为则不属于人格特征。

要注意的是,人格的稳定性并不意味着人格是一成不变的。例如,一个很温和的人,也会偶尔因急躁而发脾气,这是行为的暂时变化。如果他从原来宽松的环境来到一个充满压力的环境中生活,变成了一个急躁的人,经常发脾气,这就是人格的变化。

4. 人格具有社会性

人格是在社会化过程中形成的,是社会的人所特有的属性。所谓社会化是个人在与他人交往中掌握社会经验和行为规范,获得自我的过程。社会化与个人所处的文化传统、社会制度、种族、民族、阶级地位、家庭有密切的关系。通过社会化,个人获得了从装饰习惯到价值观和自我观念等人格特征。人格既是社会化的对象,也是社会化的结果。

三、人格的结构

人格是一个复杂的结构系统,它包括许多成分,其中主要包括气质、性格等方面。

1. 气质

（1）气质的概念：气质是个人生来就具有的心理活动的典型而稳定的动力特征，是人格的先天基础。心理学家把气质定义为在儿童早期就显示出来的，决定个人行为特征的遗传人格倾向。其表现在心理活动的强度、速度、灵活性与指向性等方面的一种稳定的心理特征。气质是人的天性，无好坏之分。孩子刚一出生就有爱哭和安静等区分，这种差异就是气质差异。人的气质差异是先天形成的，受神经活动过程的特性所制约。气质与人格的区别在于，人格的形成除气质、体质等先天禀赋作基础外，社会环境的影响起着决定性作用，而气质仅属于人格中的先天倾向。

（2）气质类型及其特征：希波克拉底是古希腊著名的医生，是气质学说的创始人。他认为体液即是人体性质的物质基础。希波克拉底认为人体中有4种体液，即血液、黏液、黄胆汁及黑胆汁。它们来自不同的器官。其中，黏液生于脑，是水根，有冷的性质；黄胆汁生于肝，是气根，有热的性质；黑胆汁生于胃，是土根；血液出于心脏，是火根，有干燥的性质。约500年后，欧洲古代医学的集大成者，也是古罗马帝国时期著名的生物学家和心理科学家盖伦，从希波克拉底的体液学说出发，创立了气质学说。以每个人所占优势的体液为主导，构成4种气质类型分别是胆汁质、多血质、黏液质及抑郁质。不同的气质类型具有不同的特征。

1）兴奋型——胆汁质的特征：日常生活中具体表现为急躁、直率、热情坦率、精力旺盛，活动迅速，不易疲劳；情感发生迅速、强烈、明显，心境变化剧烈，语言明朗，埋头工作，待人真挚，具有外向性；但性情暴躁，易于冲动，自制力差，一旦精力耗尽，情绪一落千丈。具有外向性，代表人物武松。

适宜的工作岗位：选手、士兵、公安机关、探险家及新闻记者等。

2）活泼型——多血质的特征：日常生活中具体表现为活泼，好动，反应迅速敏捷，说话语速快，热情，表情丰富，精神振奋；待人热情亲切，善于交际，易于适应不断变化的新环境，具有外向性；机智敏感，能迅速把握新事物；但注意，情感，兴趣容易转移和变换，不愿做耐心、细致的工作。一旦事业失去新鲜性或遭到挫折，就感到失望，厌倦，消极。具有外向性，代表人物孙悟空、王熙凤等。

适宜的工作岗位：市场营销、节目主持人、艺人等。

3）安静型——黏液质的特征：日常具体表现为稳重，安静，忍让，沉默寡言，行动稳定迟缓，善于克制，情绪微弱，持重，不易激动和外露；交际适度，不善空谈，善于保持心理平衡；注意力，情感，兴趣稳定难以转移；对新事物不敏感，缺乏热情，显得因循保守，过分刻板性和惰性。具有内向性，代表人物薛宝钗、沙僧等。

适宜的工作岗位：财务出纳、财务会计、主播、医师等。

4）抑制型——抑郁质的特征：日常生活中具体表现为语言和行动迟缓而不强烈，不活泼，易疲劳且不易恢复；情感脆弱，体验深刻，稳重且不外露，不能接受强烈刺激；对人与事观察比较细腻，思维敏锐，想象力丰富，处世谨小慎微，稳重，能与人友好相处；易多虑，易挫折，缺乏自信心，不果断，常有孤独，胆怯的表现。具有内向性，代表人物林黛玉等。

适宜的工作岗位：艺术相关工作、文秘等。

在现实生活中，单纯的4种气质类型的人是极少数的，中间型或混合型的人占绝大多数。

【心理词典】

我国关于人格多元模式的"阴阳五行说"

中国春秋战国时期的著名医书《黄帝内经》按阴阳强弱，把人分为太阴、少阴、太阳、少阳及阴阳平和5种类型。太阴之人，多阴无阳，其人格特征是悲观失望、内省孤独、不合时尚、保守谨慎；少阴之人，多阴少阳，其人格特征是冷淡沉静、节制稳健、戒备细心、深藏不露、善辨是非、嫉妒心强、自制力强及耐受性高；太阳之人，多阳无阴，其人格特征是勇敢刚毅、坚持己见、激昂进取、傲慢暴躁；少阳之人，多阳少阴，其人格特征是外露、乐观、机智及随和。阴阳平和，阴阳气和，其人格特征是态度从容、平静自如、尊严谦谨、适应性强，稳定而不乱。在人格类型的划分上，阴阳五行与神经类型说、气质类型说有许多相似的地方，其中一些类型是重叠的。

阴阳五行说与神经类型说、气质类型说

阴阳五行说	太阳之人	少阳之人	阴阳平和	少阴之人	太阴之人
神经类型说	兴奋型		中间型		抑制型
气质类型说	胆汁质	多血质		黏液质	抑郁质

2. 性格

（1）性格的概念：性格（character）一词源于希腊文"Kharakter"，其本义是"雕刻的痕迹"，后引申为印刻、标记或特性。我们国家心理学工作者对性格的定义是一个人对客观现实稳定的态度以及与之相适应的习惯化的行为方式。

性格是个性中最具有核心意义的心理特征，它最能体现一个人的个性差异。我们在日常生活中所说的个性，主要就是指性格。

性格中表现出的态度和行为方式是稳定的。我们判断一个人的性格，主要是看他经常表现出来的性格特征，而不是看他某一刻，或者在某一个特殊情境下的偶然表现。在某些特定情境中偶然表现出来的态度和行为特征，不能代表一个人的性格本质。例如，一个人一直是骄傲的性格，某个情境下可能也会表现出谦虚，但是我们不能判定他就是一个谦虚性格的人，他的性格特征依然是骄傲。

（2）性格的结构：从性格的定义可以对性格的结构做以下的划分。

1）性格的态度特征：对社会、团队、他人的态度，如关心社会，热爱团队，乐于助人等特征；对待工作的态度，如勤奋、负责、有创造性等特征；对自己的态度，如骄傲、自卑、依赖及自暴自弃等。

2）性格的意志特征：性格的意志特征表现为个人行为的自觉性、果敢性、坚毅性、自制性等特征。良好的意志品质可以使自己对行动的目的和意义有着明确的认识，并能在困难和挫折面前调节和控制自己的行为、果断采取有效措施，并克服困难，最终实现自己预定的目的。而与此相反的是行为中的盲目性、冲动性、当断不断、优柔寡断及畏惧退缩等特征。

3）性格的情绪特征：性格的情绪特征表现在情绪的强度、情绪的稳定性、情绪的持久性、主导心境。良好的情绪可以提高心理健康的水平，改善学习、工作和生活的心理条件，提高工作的效能。

4）性格的理智特征：性格的理智特征是指表现在感知、记忆、思维、想象等认知方面的个人特点。如有的人善于洞察，有的人观察表浅；有的人记忆主动灵活，有的人健忘；有的人善于发现问题，富有创造性，有的人对工作和生活中的问题熟视无睹，思维呆板；

有的人具有丰富的想象力，有的人没有什么想象力。

（3）性格的类型：性格的类型可以根据情绪控制、独立性、个性倾向性等3个维度划分为不同的类型。

1）理智型、情绪型和意志型：英国心理学家培因和法国心理学家李波把人的性格划分为理智型、情绪型和意志型。理智型性格的人，常以理智衡量一切，以理智支配和调节自己的言行举止，处理问题往往经过深思熟虑。情绪型性格的人，言行举止容易受到情绪的控制，不善于冷静思考，情绪反应强烈，体验深刻。意志型的人，目标明确且坚定，积极主动，迎难而上，刚毅而且自制力强。现实生活中有典型理智型、情绪型或者意志型性格的人，但更多的人还是3种倾向都有的中间型性格，只是有的偏于理智型，有的偏于情绪型，有的偏于意志型而已。

2）独立型与顺从型：独立型性格的人，意志比较坚强，不仅善于独立地发现问题和提出问题，而且勇于坚持自己的正确主张，表现出很有主见。与之相反，有的人什么事都依赖别人的决定和安排，出现困难就想到由别人来解决，常不加批判地接受别人的意见，总是按别人的要求办事，容易受到别人的暗示，独立性差，这类人的性格是典型的顺从型。当然，在实际生活中，绝对的独立型或顺从型的人也是很少的，大多数人属于中间型。

3）外向型与内向型：外向与内向，指个人心理活动是倾向于外部还是倾向于内部。外向型性格的人感情比较外露，为人开朗活泼，处世不拘小节，遇事当机立断，比较善于交际，但自我克制坚持到底的能力较差。内向型性格的人正好相反，感情比较细腻，处世谨小慎微，做事不露声色，喜欢独来独往，为人耐心诚恳，遇到考验或紧急情况时，能自我控制，大多表现沉着冷静，但有时会显得优柔寡断，反应缓慢。除典型的外向型和内向型外，还有一种介于两者之间的中间型性格。这一类型的人既有外向的一些特点，又具有内向的部分特征，表面上看似外向，其实是内向，生活中这种性格的人居多。

【心理测试】

气质类型诊断量表

本测验共有60个问题，只要能根据自己的实际行为表现如实回答，就能帮助确定自己的气质类型。但必须做到：①回答时请不要猜测题目内容要求，也就是说不要考虑应该怎样，而只回答自己平时怎样，因为题目答案本身无所谓正确与错误之分；②回答要迅速，不要在某道题上花过多时间；③每一题都必须回答，不能有空题；④在回答下列问题时，你认为：很符合自己情况的，记2分；较符合自己情况的，记1分；介于符合与不符合之间的，记0分；较不符合自己情况的，记–1分；完全不符合自己情况的，记–2分。

1. 做事力求稳妥，不做无把握的事。
2. 遇到可气的事就怒不可遏，想把心里话全说出来才痛快。
3. 宁肯一人干事，不愿意和很多人在一起。
4. 到一个新环境很快就能适应。
5. 厌恶那些强烈的刺激，如尖叫、噪声、危险镜头等。
6. 和人争吵时，总想先发制人，喜欢挑衅。
7. 喜欢安静的环境。
8. 善于和人交往。
9. 羡慕那些善于克制自己感情的人。
10. 生活有规律，很少违反作息制度。
11. 在多数情况下情绪是乐观的。

12. 碰到陌生人觉得很拘束。

13. 遇到令人气愤的事，能很好地自我克制。

14. 做事总是有旺盛的精力。

15. 遇到问题常常举棋不定，优柔寡断。

16. 在人群中不觉得过分拘束。

17. 情绪高昂时，觉得什么都有趣，情绪低落时，又觉得干什么都没意思。

18. 当注意力集中于一件事物时，别的事很难放到心上。

19. 理解问题总比别人快。

20. 碰到危险情况时，有极度恐怖感。

21. 对工作学习、事业有很高的热情。

22. 能够长时间做枯燥、单调的工作。

23. 符合兴趣的事，干起来劲头十足，否则就不想干。

24. 一点小事就能引起情绪波动。

25. 讨厌需要耐心细致的工作。

26. 与人交往不卑不亢。

27. 喜欢热烈的活动。

28. 喜看感情细腻描写人物内心活动的文学作品。

29. 工作学习时间长了，常感到厌倦。

30. 不喜欢长时间谈论一个问题，愿意实际动手干。

31. 宁愿侃侃而谈，不愿窃窃私语。

32. 别人说我总是闷闷不乐。

33. 理解问题常比别人慢。

34. 厌倦时只要短暂的休息就能精神抖擞，重新投入工作。

35. 心里有话宁愿自己想，不愿说出来。

36. 认准一个目标就希望尽快实现,不达目的,誓不罢休。
37. 学习工作一段时间后,常比别人更困倦。
38. 做事有些鲁莽,常常不考虑后果。
39. 老师讲授新知识时,总希望讲解慢些,多重复几遍。
40. 能够很快地忘记那些不愉快的事情。
41. 做作业或完成一项工作总比别人花的时间多。
42. 喜欢运动量大的剧烈体育活动,也喜欢参加多种文艺活动。
43. 不能很快地把注意力从一件事情转移到另一件事情上去。
44. 接到一个新任务后,就希望把它迅速解决。
45. 认为墨守成规比冒险强些。
46. 能够同时注意几件事物。
47. 当我烦闷的时候,别人很难使我高兴起来。
48. 爱看情节起伏跌宕、激动人心的小说。
49. 对工作认真、严谨,持始终一贯的态度。
50. 和周围的人的关系总是相处得不好。
51. 喜欢复习学过的知识,重复做已经掌握的工作。
52. 喜欢变化大,花样多的工作。
53. 小的时候会背的诗歌,我似乎比别人记得更清楚。
54. 别人说我"出口伤人",自己并不觉得这样。
55. 在体育活动中,常因反应慢而落后。
56. 反应敏捷,头脑机智。
57. 喜欢有条理且不麻烦的工作。
58. 兴奋的事情常使我失眠。
59. 老师讲的新概念,我常常听不懂,但弄懂以后就很难忘记。
60. 假如工作枯燥无味,马上就会情绪低落。

评分与解释：把每题得分填入下表题号中并相加，计算各栏的总分。

气质类型	题号	总分
胆汁质（A）	2 6 9 14 17 21 27 31 36 38 42 48 50 54 58	
多血质（B）	4 8 11 16 19 23 25 29 34 40 44 46 52 56 60	
黏液质（C）	1 7 10 13 18 22 26 30 33 39 43 45 49 55 57	
抑郁质（D）	3 5 12 15 20 24 28 32 35 37 41 47 51 53 59	

气质类型的诊断：

（1）如果某类气质得分明显高出其他3种，均高出4分以上，则可定为该类气质。如果该类气质得分超过20分，则为典型型；如果该类得分在10～20分，则为一般型。

（2）两种气质类型得分接近，其差异低于3分，而且又明显高于其他两种，高出4分以上，则可定为这两种气质的混合型。

（3）3种气质得分均高于第四种，而且接近，则为3种气质的混合型，如多血-胆汁-黏液质混合型或黏液-多血-抑郁质混合型。

（4）如4栏分数皆不高且相近(<3分)，则为4种气质的混合型。

多数人的气质是一般型气质或两种气质的混合型，典型气质和数种气质的混合型的人较少。

此外，凡是在1、3、5等奇数题上答"2"或"1"，或在2、4、6等偶数题上答"-1"或"-2"，每题各得1分，否则得0.5分。如果是男性，总得分在0～10分则非常内向，11～25分比较内向，26～35分介于内外向之间，36～50分比较外向，51～60分非常外向。如果是女性，总得分在0～10分则非常内向，11～21分比较内向，22～31分介于内外向之间，32～45分比较外向，46～60分非常外向。

性格形成的因素

人的性格不是天生的,它的形成是由遗传、环境和自我教育3个方面的因素的共同作用、影响的结果。

一、遗传的影响

遗传因素对性格的影响,首先表现在遗传因子上。个人的形成是由父亲的遗传信息和母亲的遗传信息混合的结果,因此,父母性格上的某些特点就有可能遗传给子女。大量精神疾病的研究证实了这个看法。关于精神分裂症患者发病率的研究表明,父母均为精神分裂症患者,其子女的发病率为68.1%;父母一方为患者,其子女的发病率为16.4%;家族中无该病史者,其子女的发病率为0.85%。由此可见,对于性格有问题的人而言,遗传因素有着一定的影响作用。

二、家庭的影响

在性格的形成和发展中,环境起着非常重要的作用。家庭是最早向儿童传播社会经验的场所。因此,家庭被称为"制造性格的工厂"。家庭的教育态度和教育方式对儿童性格的形成与发展起着直接的影响作用。

1. 父母教育子女态度的影响

父母的教育态度是影响性格的重要因素。心理学家把父母对孩子的教育态度分为民主的(或宽容的)、专制的(或控制的)、溺爱的(或放纵的)和忽视型(父母缺席)4种类型。研究证明,父母教育方式的不同,儿童也会形成不同的性格特征。

2. 家庭气氛的影响

和谐、相互尊重、相互理解、互相支持的家庭气氛对性格有着积极的影响;与此相反,不间断地争吵、猜疑和隔阂的气氛会产生消极的影响。此外,根据相关的研究结果表明,离异家庭中的儿童容易神经紧张,心境喜怒无常,孤独感强,容易出现不良行为。而未成年人罪犯中,以出身于破裂家庭的居多。

3. 出生顺序的影响

出生顺序即在家庭中的排行,指儿童在家庭中的地位和角色。这对性格的形成非常重要。一些研究结果表明,长子女的性格偏于保守,缺乏攻击性、进取心较弱、缺乏安全感等,这可能是由于原先受关注的地位被后出生的弟妹所取代,因而出现情绪上的不适应现象。但是另一些研究结果表明,长兄常会表现出优越感和支配性,而大姐则表现为温和、谦让。

【心理案例】

排行第二的阿德勒和他的《自卑与超越》

阿尔弗雷德·阿德勒是奥地利精神病学家,个人心理学创始人,人本主义心理学先驱。1870年,阿德勒出生于奥地利维也纳郊区的一个富裕的中产阶级犹太人家庭。他在家里排行第二,自幼体弱多病,由于患有软骨病,长相又矮又丑,始终饱受死亡的恐惧和对自己虚弱身体的愤怒。他身体活动不便,在身体健康的哥哥面前总是感到很自卑。1907年,阿德勒发表了有关缺陷引起自卑感及其补偿的论文,提出身体缺陷或其他原因导致的自卑,不仅可能导致个体发生精神疾病或甘于堕落,也可能使人刻苦努力,以弥补自己的弱点。1932年,阿德勒出版了《自卑与超越》一书,原书名为《生活对你的意义》(What Life Should Mean To You),涵盖了自卑感与优越感、早期记忆、家庭影响、爱情与婚姻等12个论点。

阿德勒认为,自卑和补偿是自我发展的动力,每个人都有不同程度的自卑感,它可以是力争上游的动力,也可以是精神疾病的原因。

三、学校教育的影响

学校教育在性格的形成和发展中具有重要的作用。学校是系统传授知识的场所,也是学生形成世界观的重要场所。学生通过系统地接受知识,了解自然界和社会发展变化的规律,对形成科学的世界观亦有重要的意义。而世界观和信念,在性格的结构中占据着非常重要的地位。教师是学生的一面镜子,是学生经常学习的榜样。教师的言行举止和父母一样,对学生的性格会产生潜移默化的作用。学生参加集体活动,接受集体的任务和要求,受到集体的舆论与评价的影响,这一切都会对学生性格的发展有着非常重要和长远的影响。

四、社会环境、文化风俗的影响

不同的时代、不同的民族、不同的社会生活条件和自然条件,都会影响一个人的实践活动,并且会在其性格上打下深刻的烙印,从而形成不同时代、不同民族的典型性格,这是大环境对个体性格形成的影响。而每一个个体实际接触的各个不同的现实环境,又会对其性格的形成产生不同的影响,从而促使其不同的性格特征的形成。例如,生活在崇尚武勇的社会中,往往会形成好斗的性格特征。电影、电视、报刊、新媒体和文艺作品等社会文化信息也是影响性格形成的因素。有研究结果表明,让儿童观看具有攻击性行为的节目,往往使他们的攻击性行为增多,而那些优秀的影视剧和文学作品中的好的角色和榜样,常常能激起人们丰富的感情和想象,引起模仿的意向,增强人们克服困难的信念,有助于形成良好的性格特征。

五、自我教育的影响

性格的形成是一个内化的过程。外界的影响受到个人内部的观念、自我意识、需要等因素的影响和制约。个体发展到青春期,自我意识发展迅猛并且趋于完善,人的发展趋于"自我发展",而性格发展则变成了"自我塑造"的过程,并产生了"自我提炼"的独特动机。在这种动机的支配下,主动地寻找榜样,确定目标,经常自觉地对自己的性格进行自我指示和自我监督,拟定自我教育的计划,并注意行为的练习,从而有意识地培养自己的良好性格,改造消极的性格。作为自我教育的核心的自我反省机制,对性格的形成和完善起着巨大的调节作用。一个人只有从意识深层清晰和清醒地认识到自身性格的特点和不足之处,才会努力地去调节,改变性格的特征及表现方式去适应各种复杂的环境。这样经过反复的实践,才会使自身的性格趋于灵活而完美。

人格发展与心理健康

健康的人格是人一生的财富。有人说人格是灵魂的骨架,是一个人心理健康的根基。而健全的人格能给我们一个正直、清澈的灵魂,带给我们美好的生活体验和幸福的感受,引导我们走上健康积极的人生之路。

一、人格理论概述

基于对人格稳定性与可变性之间关系研究结论的不同,西方传统人格理论大体可以分成两派。精神分析和特质论者持人格稳定性观点,而行为主义、认知学派及人本主义者则相信人格是可变的。为了支持各自的观点,人格理论家们进行了广泛的纵向调查。

1. 弗洛伊德的人格理论

西格蒙德·弗洛伊德对人的基本看法是,人是一个能量系统,能量可以在这里流出,在这里转换,或被拦阻起来。从整体上看,能量是有限的,如果以某种方式释放了能量,那么以另一种方式释放的能量就会相应地减少。因此,在弗洛伊德的精神分析理论中,用本我、自我和超我来描述成年人的人格结构。

(1)本我(id):是人生下来时的心理状况,它由原始的本能能量组成,本我遵循"快乐原则"。本我是人格结构中能量的供应源,一切以寻求原始动机的满足为原则,它追求最大限度的快乐,追求欲望的满足,而不管其欲望在现实中有无可能实现,也不受社会道德规范的约束。长大后,本我大部分处在潜意识状态下,人们较难察觉。本我的作用在于寻求兴奋、紧张与能量的释放,追求快乐,逃避痛苦,它具有冲动性、盲目性和非理性的特点。

(2)自我(ego):是由本我分化出来的,其能量也来自本我。它一部分位于意识,一部分位于潜意识之中。自我在婴儿期小而弱,由于与现实接触,借助于认同作用,模仿其父母而逐渐成长。自我是理智的,遵循"现实原则"。自我的作用一方面要满足本我的原始冲动,追求快乐;另一方面它还要符合良心、道德等超我的评价,以社会能够接受的方式满足个体需要。由于自我使本我的愿望得到满足,这样本我的能量便逐渐转入自我,当自我从本我取得足够的能量时,它可以用于消除满足本能之外的其他目的。此外,自我能量还用于阻止本我能量的立刻释放,整合超我、自我和本我3个系统,使之融合为一个统一的、组织良好的整体,从而对环境做出有效的适应。

(3)超我(superego):从自我分化而来,是父母向儿童灌输的传统价值观和社会理想的一个人格结构。超我大部分属于人格的意识部分,它是人格道德的维护者。充分发展的超我有良心和自我理想两个部分,分别掌管奖与罚。良心是儿童受惩罚而内化了的经验。如果这个人再次产生这些行为,或甚至想要实施这些行为,他就会感到内疚或羞愧。自我理想是儿童受奖赏时内化了的经验。如果这个人再次产生这些行为,甚至想要产生这些行为,他就会感到骄傲和自豪。超我追求至善至美,所以它同本我一样是非现实的。超我的主要功能是用良心和自豪感等去指导自我,限制本我的冲动。

总之，在弗洛伊德看来，一个人的行为取决于能量在3个系统中的不同分布。如果大部分能量被超我控制，这个人的行为就是很有道德的；如果大部分能量被自我所支配，这个人的行为就显得很实际；如果大部分能量还停留在本我，这个人的行为就表现出原始冲动性。

2. 奥尔波特和卡特尔的人格特质理论

人格特质理论起源于20世纪40年代的美国。主要代表人物是美国心理学家高尔顿·威拉德·奥尔波特和雷蒙德·卡特尔。特质理论认为，特质是决定个体行为的基本特征，是人格的有效组成元素，也是测评人格所常用的基本单位。

（1）奥尔波特的特质理论：奥尔波特于1973年首次提出了人格特质理论。他把人格特质分为两类，一类是共同特质，指在某一社会文化形态下，大多数人或一个群体所共有的、相同的特质；另一类是个人特质，指个体身上所独具的特质。

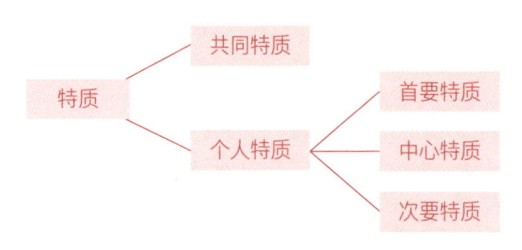

奥尔波特人格特质结构图

个人特质依其在生活中的作用又可分为3种。

1）首要特质：这是一个人最典型、最有概括性的特质，它影响到一个人各方面的行为。如林黛玉的首要特质是多愁善感。

2）中心特质：是构成个体独特性的几个重要特质，在每个人身上有5~10个。如清高、率直、聪慧、孤僻、内向及敏感等是林黛玉的中心特质。

3）次要特质：是个体的一些不太重要的特质，往往只有在特殊的情况下才会表现出来。这些次要的特质除亲近的人外，其他人很少知道。如一个人在外面很粗鲁，而在自己的母亲面前很顺从，这里的"顺从"就是次要特质。

（2）卡特尔的人格特质理论：卡特尔受化学元素周期表的启发，用因素分析的方法对人格特质进行了分析，提出了基于人格特质的一个理论模型。

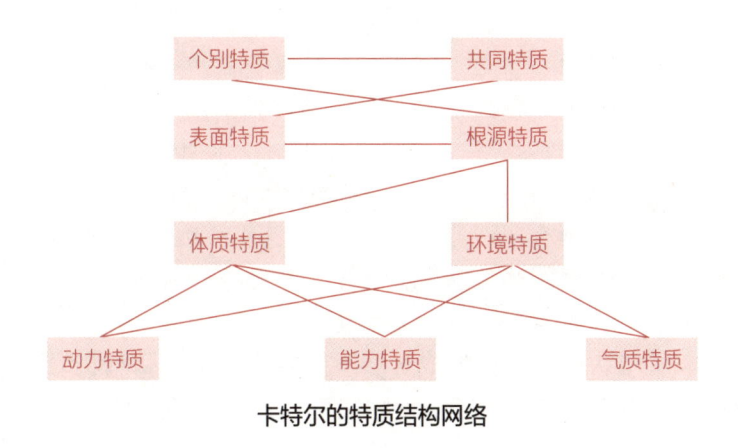

卡特尔的特质结构网络

卡特尔认为，构成人格的特质包括表面特质和根源特质。表面特质是从外部行为能直接观察到的特质，根源特质是指那些相互联系而以相同原因为基础的行为特质。如考试作弊行为，在这相同的表面特质后面有着极其不同的心理动因；而考前睡眠不好、考试紧张、体育测试前双腿发抖等都源于同样的根源特质焦虑。1949年卡特尔用因素分析法筛选出16种人格根源特质，并编制了卡特尔16种人格因素调查表，被广泛使用在人格测验上。

卡特尔的 16 种根源特质

	人格特质	低分者特征	高分者特征
A	乐群性	缄默孤独	乐群外向
B	聪慧性	迟钝、知识面窄	聪慧、富有才识
C	情绪稳定性	情绪激动	情绪稳定
E	恃强性	谦逊顺从	支配、攻击
F	兴奋性	严肃审慎	轻松兴奋
G	有恒性	权宜敷衍	有恒负责
H	敢为性	畏怯退缩	冒险敢为
I	敏感性	理智、着重实际	敏感、感情用事
L	怀疑性	信赖随和	怀疑刚愎
M	幻想性	现实、合乎成规	幻想、狂放不羁
N	世故性	坦白直率、天真	聪明能干、世故
O	忧虑性	安详沉着、有自信心	忧虑抑郁、烦恼多端
Q1	激进性	保守、服从传统	自由、批评激进
Q2	独立性	依赖、随群附众	自立、当机立断
Q3	自律性	矛盾冲突、不拘小节	知己知彼、自律严谨
Q4	紧张性	心平气和	紧张困扰

卡特尔认为在人格的成长和发展中，遗传与环境都有影响。他经过一系列的运算发现，遗传与环境对特质发展的影响程度是因特质的不同而变化的。如智力特质估计遗传占 80%～90%，并估计出整个人格结构中约有 2/3 取决于环境，1/3 取决于遗传。

3. 艾森克的人格结构维度理论

汉斯·艾森克在对人格的研究中，运用因素分析法提出了人格的 3 个因素模型。这 3 个因素包括：①外倾性，它表现为内、外倾的差异；②神经质，它表现为情绪稳定性的差异；③精神质，它表现为孤独、冷酷、敌视、怪异等偏于负面的人格特质。艾森克依据这一模型编制了艾森克人格问卷(Eysenck personality questionnaire, EPQ),该量表在人格评价中得到了广泛的应用。

4. 人格特质的新理论

塔佩斯等运用词汇学的方法对卡特尔的特质变量进行了再分析,发现了5个相对稳定的因素。后来形成了著名的大五人格因素模型。

(1)开放性(openness to experience):具有想象、审美、情感丰富、求异、创造、智能等特质。

(2)责任心(conscientiousness):显示了胜任、公正、条理、尽职、成就、自律、谨慎、克制等特质。

(3)外倾性(extraversion):表现出热情、社交、果断、活跃、冒险、乐观等特质。

(4)宜人性(amenity value):具有信任、直率、利他、依从、谦虚、移情等特质。

(5)神经质(neuroticism):具有焦虑、敌对、压抑、自我意识、冲动、脆弱等特质。

这5个特质的第一个字母构成了"OCEAN"一词,代表了"人格的海洋"。

1989年麦克雷和科斯塔编制了"大五人格因素的测定量表"。

二、人格与心理健康

尽管不同心理学家对心理健康的标准描述不尽相同,但人格完整是心理健康共同认可的标准。因为人格是人的各种心理特点的总和,健康人格不仅是心理健康的重要指标之一,也是心理健康的重要资源。能够在社会实现智慧的乐趣,承担社会责任感的人士,是心理健康的代表,他们具备的人格特征更具代表性。

1. 奥尔波特的"成熟者"模式

美国著名人格心理学家高尔顿·威拉德·奥尔波特在哈佛大学长期研究高心理健康水平的人,称他们为"成熟者",并归纳出成熟者身上的7个特征。

(1)自我扩展的能力:健康成熟的人会参加超越他们自己的各种不同的活动,他们不仅关心自己的福利而且也关心他人的福利。一个人越是专注于各种活动,专注于人或思想,他的心理也就越健康。

(2)与他人热情交往的能力:奥尔波特把热情分为爱和同情。健康成熟的人能够与他人保持亲密关系的同时,而不侵犯他人的隐私和权利,也不抱怨、指责和讽刺他人。这种人富有同情心,他们能容忍自己与他人在价值和信仰上的差异。

(3)有安全感和自我接纳能力:他们不冲动行事,不把自己的过错归咎于他人,他们有积极的自我意象,能经得起一切不幸的遭遇。

(4)能够准确、客观地知觉现实和接受现实:他们能有效地运用生活上所必需的知识和技能,进行忘我的工作。这种人是以问题为中心,而不是以自我为中心的。

(5)能够客观地看待自己:指健康成熟的人能够客观地了解自己,能洞察自己的能力与不足,与这种洞察力相关的是幽默感。这种人能看出生活中的荒唐但不被其吓倒,能够以自己的过错取乐而不以伪装来欺骗。

(6)统一的人生哲学:奥尔波特认为,健康成熟的人生是遵照和沿着某个或几个经过选择的目标前进。每个人都有一些为之而生活的很特殊的东西,都有一种主要的意向。

(7)能着眼未来:行动的动力来自长期的目标和计划。

2. 马斯洛的"自我实现者"模式

美国心理学家亚伯拉罕·马斯洛认为,具有最健康人格的人是自我实现的人。所谓"自我实现"就是个人的潜能得以实现，所有的能力得到了运用。马斯洛从"自我实现者"身上归纳出15种特点。

（1）准确和充分地认知现实。
（2）悦纳自己、他人和周围世界。
（3）自然地表达自己的情绪和思想。
（4）超越以自我为中心，而以问题为中心。
（5）具有超然独立的性格。
（6）对自然条件和文化环境具有相对自主性。
（7）高品位的鉴赏力。
（8）常有高峰体验。
（9）真切的社会感情。
（10）深厚的人际关系。
（11）具有民主风范，尊重他人意见。
（12）具有强烈的道德感及伦理观念。
（13）具有哲理气质及高度幽默感。
（14）具有创造力，不墨守成规。
（15）对现代文化具有批判精神。

3. 罗杰斯的"机能完善"人模式

（1）对任何经验都开放。
（2）自我与经验相协调。
（3）利用自身评价过程。
（4）无条件的自我关怀。
（5）与他人和睦相处。

女性健康人格的培养

一、女性常见的人格发展问题与调适

人格是伴随着人的一生不断成长的心理品质。健康人格是心理健康的重要指标之一，也是心理健康的重要资源。每个人都对自己的心理健康负有责任，但只有具备健康个性的人才最具备承担这种责任的自觉。通过对当前女性表现的观察及调查，最常遇到的人格发展问题主要有以下几个方面。

1. 自卑

有些女性发现自己在容貌、身材、社交及才华方面显露出某些不足时，就会陷入怀疑自己、否定自己之中，产生自卑心理。自卑、怯懦、缺乏自信心是心理抑郁、事业不成功、婚恋不幸福的主要原因。女性的自卑心理表现是多种多样的，诸如很怕在别人面前做事，该说的话到了嘴边就是说不出口，怕被别人耻笑，自我感觉在一切方面都不如别人，并且伴随着对未来生活的渺茫感、失望感。

自卑的人，往往有过挫折的过往。挫折的来源可能是自身的性格或长相欠佳、童年的不幸遭遇、上学时较差的成绩、青年时期找不到理想中的对象等等。这些挫折长期积压，就会使人丧失自信，导致自卑。

要克服和矫正自卑的心理,就需要重建自信,树立自尊、自爱的心态。要克服自卑心理,首先要树立起对自己的相貌和身材的健康的自我意识,客观地"自我欣赏""自我悦纳"。努力扩大自己的社交圈,多与那些性格开朗乐观、见多识广,又有同情心、同理心的人交往。同时,积极培养新的生活方式,大胆尝试生活变化的滋味,增强自信心。

2. 害羞

害羞不是天生的,它是在家庭、学校和工作环境中逐步形成的。害羞心理在女性中非常常见。她们渴望得到别人和这个社会的理解和尊重,但同时又经常担心、怀疑自己能否得到承认和尊重。这种心理状态在不太熟悉的环境里,因怕被人耻笑,而表现得不自然、脸红心跳、腼腆,甚至怯场。长久以往,就会羞于和他人交往,羞于在公众场合讲话。

造成害羞的另外一个原因是胆小被动、谨小慎微。在生活中总是担心导致失败,说话做事都畏手畏脚,总怕出错被人议论,这样就会坐立不安、神经紧张、焦虑,而错过机会后又自责、懊悔不已。此外,害羞也有可能是因为生活中遭受了挫折,而自暴自弃,感到再也抬不起头来,羞于再与人交往,实际上是丧失自信的结果。

要克服害羞的心理,应该认识到没有人是完美的。同时,应该看到自己的优点,并且在生活中敢于锻炼自己。因为胆量和能力都是锻炼的结果。适当地进行放松训练和行为训练,例如做深呼吸,使自己放松下来;遇上开会,尽量主动发言;主动和异性交谈、接触等。

3. 妒忌

女性中较为常见的是出现斤斤计较、耿耿于怀、好妒忌、好挑剔、钻牛角尖儿及不容人的现象。妒忌的人在交往中，容易伤害别人的感情，使人际关系恶化，并且还会为自己带来无端和无尽的烦恼，影响积极的情绪、心态，以及在别人心目中的形象。

要矫正妒忌的不良性格，应该尝试摆脱以"我"为中心的态度和思维模式，设身处地理解、体会他人。学会求同存异，善于悦纳和自己不同的人和观点。在处理具体事务上要学会宽容，要学会以同情的态度对待他人和解决问题。

4. 过度虚荣

虚荣心普遍存在于每一个人身上，尤其是女性，这是正常的，但一旦过度，则会有害无益。虚荣心往往与自尊心、自卑感联系在一起，没有自尊心，就没有虚荣心，而没有自卑感，也就不必用虚荣心来表现自尊心，虚荣心是自尊心和自卑感的混合物。虚荣心强的女性一般性格内向、情感脆弱、多愁善感，虽然自惭形秽，却又害怕别人伤害自己的尊严，过分介意别人的评论与批评，与人交往时总有一种防御心理，不允许有些许侵犯，且常会千方百计地抬高自己的形象，她们捍卫的往往是虚假的、脆弱的、不健康的自我，以致无暇来丰富、壮大真实的自我。虚荣心强的人往往都不愿脚踏实地做事，而是经常利用撒谎、投机等不正常的手段得到名誉。她们在物质上讲排场、爱攀比；在社交上好出风头；在人格上又很自负、嫉妒心重；在工作上不刻苦。过度虚荣易于形成边缘型人格障碍。

防止或改变过强的虚荣心，首先，要对其危害性有清醒的认识，有勇气有决心改变自己。其次，应当努力认识自己，了解自己的长处与短处，扬长避短。再次，要树立自信和健康的荣誉心，正确表现自己，不卑不亢。最后，不要为外界的议论所左右，正确对待个人得失。

5. 过度依赖

过度依赖是缺少自我意识，独立性极差，也是人格幼稚性的表现。依赖者不敢承担责任，不敢冒险，不敢单独行动，过分依赖别人的意志，长久体验无助感。对于被依赖者而言却是件痛苦的事情，因为被依赖者扮演的角度就像是依赖者的家长一样，这常常带给依赖者更多困惑与烦恼。

克服过度依赖需要在自己心里建立起一个成人的行为模式，选择一个榜样进行陪伴会有很好的效果。

【心理案例】

总把我当成"男生"我很烦

案例描述：王丽（化名），看上去文静柔弱，然而内心却充满了痛苦与烦闷。理由很简单，常常和王丽在一起的李静（化名），总把她当成"老公"使唤，甚至当着同事和同学们的面，也"老公、老公"地叫个不停。为了维护朋友关系，王丽为她打水、打饭，还要在同事面前装得很正常，王丽也很无奈。可两个人单独在一起的时候，李静对自己远没有那么热情，有时候不高兴对王丽还不理不睬的，但一有人在场，李静就表现得和王丽的关系很亲密，这种判若两人的状态，让王丽十分烦恼，王丽总想把这种关系断开，却又苦于自己没有其他的朋友。

案例分析：看上去李静在行为上对王丽有依赖性，特别是在众人面前，有一种不想长大的幼稚行为，其实这正是她想引起别人关注的一种手段。李静的人格特质里，与陌生人建立关系，具有内倾性，加上在这个年龄段，她的内心渴望被人关注。王丽没有李静那么幼稚，但也没有李静想象的那么成熟，她也是女生，也有和朋友交往的需要,在众人面前,她成了李静的"保护伞",掩盖了她成为女生的渴望,因此烦恼油然而生。

建议:找好时机,直接和李静谈自己的感受,如果不好意思开口,可以通过心理咨询师的介入进行友好的沟通,提升李静的成熟交往行为,恢复王丽的正常状态。两个好朋友建立平等的关系,促进关系协调发展。

6. 过度自我

"自以为是,自私自利"是过度自我的主要特点。过度自我容易形成偏执型人格。过度自我的人考虑问题、处理事情都以自我为中心,将自我作为思考问题的出发点与归宿。过度自我的人因不能设身处地进行客观思考,颐指气使,盛气凌人,不允许别人批评自己。这种人往往见好就上,见困难就让,有错误就推,总认为对的是自己、错的是别人,因而她们常不能赢得别人的好感和信任,人际关系多不和谐。

改变以自我为中心的途径主要有:一是正确估价自己,认识到自己的社会责任,既不妄自菲薄也不夜郎自大,既不自我贬损也不自恋;二是树立正确的人生观与价值观,将自己与他人,自我与社会、个人利益与集体利益统筹考虑,从狭隘的小天地走出来;三是学会尊重自己与尊重他人,懂得设身处地,换位思考,真诚待人。

二、女性积极、健康人格的塑造

积极心理学作为心理学领域的"第四次浪潮",主要致力于研究人自身的积极因素、人的幸福的潜能。在人格层次上,提倡研究积极的人格特质,关注人们内心存在的积极力量和美德。彼得森和塞利格曼曾经做过一个积极力量的行为分类评价系统,在这个系统里，良好的品德，诸如智慧、勇敢是核心，而培养人格的积极力量则是确保个人获得良好品德的重要途径。积极心理学所研究的主要积极人格品质有24种，结合女性的特点，重要的积极人格有以下几种。

1. 充满自信

自信是建立在对自己正确认知的基础上的，对自己实力的正确估计和积极肯定，是自我意识的重要成分，是心理健康的一种表现。作为女性，要面对工作和生活中的种种事件，应该相信自己能够胜任复杂而艰巨的工作，用积极的心态去面对有时"一地鸡毛"的生活，心情就会轻松许多。

2. 积极、乐观、充满希望

在每天的生活中，有些人总是保持积极、乐观、开朗的态度，因为她们对未来充满美好的憧憬；有的人却垂头丧气、悲观失望，对生活和前途感到没有希望和出路。其实，悲观和乐观完全取决于你对人、事、物的看法如何，也就是取决于你对生活的态度怎么样，你如何处理生活中的问题，你打算怎样度过自己的一生等。

积极心理学的创始人塞利格曼认为，乐观是一种解释的风格。乐观的人，把消极事件或者体验归因于外部的、暂时的和特殊的因素，例如当下的环境等，把成功或积极的体验归因于稳定的因素，如自身的能力等。他曾说："悲观情绪早期就能加以确认，也可以改变，所以情绪容易悲观的人可以参加简短的训练，永久改变他们对不幸事件的思虑，从而降低患病乃至死亡的风险。"

最新研究表明，保持乐观的心态对人的心脏健康有益处，并可以降低因各种原因而死亡的危险性。研究人员认为，情绪乐观的人不大可能显现抑郁情绪，他们在寻医或接受治疗方面也会比较积极，很少有自怨自艾的倾向或者在劫难逃的想法。同时，积极的生活态度也可以被证实，能帮助那些因动脉狭窄而引发心脏病的患者恢复健康。

3. 知足者常乐

快乐的心情与心理的满足感是密切相关的，每个人因为个体的差异，其心理期望值的高度决定了心理满足的程度，不同的人对同一件事情的认知也就不同，有时候甚至完全相反。比如，买彩票中了2000元奖金，对于将买彩票当休闲娱乐的人来说，是得到一小笔财富，可以出去和家人或者朋友吃一顿大餐，或者给孩子买一件新衣服，会感到很满足；而对于希望通过买彩票中奖1000万的人而言，这点钱却可能连本金都不够，根本谈不上满足。

也许是出于人类原始本能的贪婪欲望，对生活有过高期望的人很多，在他们眼里，人生不如意事十之八九，无论大事小事，都没有满意的时候，以至于经常与郁闷、烦恼为伍。其实，在很多情况下，人的快乐和烦恼的转换也许只是在一念之间。只需要换个角度看问题，降低一点点自己的期望值就能给自己带来好心情。

4. 培养心理韧性

当然日益加快的生活节奏和激烈的社会竞争，也就是我们常说的"内卷"，让人们承受着巨大的心理和生理压力或者应激。大量研究表明，长期、严重的应激反应不仅会降低人们的工作和学习效率，而且会损害个体的身心健康。但是应激事件是客观存在的，有时候难以预见和消除。因此，培养我们对抗挫折的能力是抵御应激消极影响的积极态度。研究发现，坚韧人格是一种积极的人格品质，具有阻抗应激的特点，它有助于我们缓冲应激对身心健康造成的不良影响,使处在高度应激情境下的人保持身心健康。

人格健全的过程,就是心理健康和心理成熟的过程。培养健康人格,是一项系统的自我改造、自我实现的工程,要从小事做起,贵在坚持。当代女性应努力将自己培养成具有服务社会理念和社会价值感的成熟人。

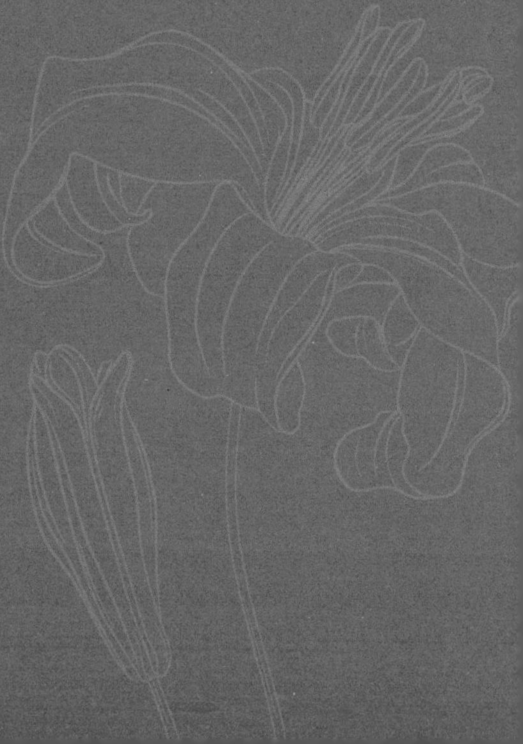

女性的情绪管理和心理健康

凡是你所抗拒的，都会持续存在。

——卡尔·古斯塔夫·荣格

恐惧、愤怒、悲伤及喜悦等，我们通过情绪这个生命能量的流动通道，体会着生命的种种滋味。情绪就像危险警报器，保障着我们的安全。

然而，情绪的混乱越来越多地困扰着我们。失去控制的情绪开关有时会过于敏感，让我们在情绪的跌宕起伏中无法自控；有时候又全无反应，压抑了生命的能量。一触即发的愤怒给人际关系带来了负面的影响；不知名的情绪滞留在我们的身体里，带来各种各样的疾病和伤害。这些情绪问题背后隐藏着什么呢？我们应该如何对待这些似乎难以掌控的情绪？如何让情绪成为帮助我们前进、成长的力量？这些都需要我们去认识情绪，正确理解它的声音。

认识情绪

"世界如此美妙,我却如此暴躁,这样不好、不好。"这是《武林外传》里郭芙蓉的经典台词。郭芙蓉性格急躁,每次总是以"排山倒海"这一招式来发泄自己的情绪,让人心生畏惧。而吕秀才教她每次想发脾气时,先做深呼吸,然后再默念这句台词。从心理学的角度来看,郭芙蓉就是在学习控制和管理自己的情绪。

我们无时无刻不处在一定的情绪状态,体验着喜怒哀乐等种种情绪。快乐、幸福的生活,愉悦、无忧无虑的心情是每个人的期盼。然而在现实生活中,人的情绪是复杂多变的。社会期望值高,竞争压力大,使女性易受紧张情绪的困扰。学习合理科学的情绪与压力应对方式,将有助于保持与培养女性健康的情绪与情感,维护其身心健康的发展。

一、情绪的内涵

情绪一直是心理学家关注的心理现象之一,他们对情绪的界定提出了各种不同的看法,当前比较主流的看法是,情绪是个体对客观事物的态度体验和相应的行为反应,它是人们对于自己所处环境和条件、对于自己工作、学习和生活以及对他人行为的一种情感体验。

二、情绪的分类

人的情绪是复杂多样、丰富多彩的，情绪类型很难有一个统一的划分方法。情绪从不同的层面进行理解，可以有以下几个方面的分类。

1. 基本情绪

心理学家认为有 4 种基本情绪，即快乐、愤怒、恐惧和悲哀。由这 4 种基本情绪可以组合成各种各样的复杂情绪。

快乐指一个人盼望和追求的目的达到后产生的情绪体验。由于需要得到满足，愿望得以实现，心理的急迫感和紧张感解除，快乐随之而生。快乐从强度上可以区分为愉悦、欣喜、欢乐、狂喜等，这种差异和所追求的目的对自身的意义以及实现的难易程度有关。

愤怒指所追求的目的受到阻碍，愿望无法实现时产生的情绪体验。愤怒时紧张感增加，有时不能自我控制，甚至出现攻击行为。愤怒也有程度上的区别，一般的愿望无法实现时，只会感到不快或生气；但当遇到不合理的阻碍或恶意的破坏时，愤怒会急剧爆发。这种情绪对人的身心的伤害也是明显的。

恐惧指企图摆脱和逃避某种危险情景而又无力应付时产生的情绪体验。所以，恐惧的产生不仅由于危险情景的存在，还与个人应付危险的能力有关。一个初次出海的人遇到惊涛骇浪或者鲨鱼袭击会感到恐惧无比，而一个经验丰富的水手对此可能已经司空见惯，泰然自若。恐惧从强度上可以区分为不安、忧虑、惧怕等。

悲哀指个体失去某种他所追求和重视的事物或理想和愿望破

灭时，产生的情绪体验。悲哀的强度取决于失去的事物对个体的重要性和心理价值大小。心理价值越大，引起的悲哀就会越强烈。悲哀从强度上可分为遗憾、失望、悲伤和哀痛等。

【心理研究】

人有千百面，情分四六种

人非草木，孰能无情？人类在与外部世界的互动之中，并不是无动于衷的。而且由于人类的高智商与社会性，使人类具有丰富情感和情绪表达。人类的情感和情绪很多时候可以通过其面部表情得以观察。在经典美剧《Lie To Me》中，主角卡尔·莱特曼令人叹服的辨谎技巧就是通过面部表情的细微变化来判断别人的各种想法。据报道，卡尔．莱特曼的原型就是美国著名心理学家保罗·艾克曼博士。他经过多年研究提出，不同文化背景下人类的面部表情具有共通性，人类共有的基本情绪有六种，快乐、悲伤、恐惧、愤怒、惊讶和厌恶，这六种情绪可以通过特定的面部表情进行识别。

不过最近，英国有研究人员对艾克曼博士的观点提出了挑战，他们经过研究发现人类的基本情绪，只有快乐、悲伤、恐惧和愤怒4种，而非6种。

研究人员利用特殊技术和软件开发出一种名为"面部语法生成平台"的工具，用来合成所有的面部表情。他们利用照相机捕捉志愿者面部的三维图像，然后基于不同面部肌肉的运动情况，通过计算机生成模拟所有面部表情的三维模型。在建立面部表情三维模型之后，研究人员通过观察志愿者在进行各种真实体验时的面部表情与情绪表达情况，来印证面部肌肉运动与情绪表达之间的对应关系。

研究人员发现，在艾克曼所定义的6种基本情绪中，快乐和悲伤的面部表情信号始终都是明显不同的，而恐惧和惊讶、厌恶与愤怒的初始信号表达则无法分清，只有在其他面部肌肉被激活以后，情绪表达才会清晰起来。具体来说，恐惧和惊讶的早期动态面部表情信号是一样的，都是睁大双眼，而愤怒和厌恶的初期信号则都是皱鼻子。研究人员认为，这些可能是预示危险的早期基本信号，这些信号的最大用处是让人在面临危险时可以迅速逃跑，而人类面部肌肉的运动可以强化人的先天优势，增加逃离危险的概率。皱鼻子可以防止有害物质的吸入，睁大眼睛则可以观察到更多利于逃跑的有用信息。4种基本表情在其后经过其他面部表情信号的参与，才最终形成所谓的6个"经典"情绪的面部表情。据此，研究人员认为，保罗·艾克曼关于人类基本情绪有6种的说法并不准确，人类的基本情绪只有4种：快乐、悲伤、恐惧（惊讶）和愤怒（厌恶）。

人类通过面部表情将内心感受表达给对方，面部表情也和语言一样成为可以传输信息的媒介，借助于表情，人们就能够断定相互之间的喜恶。通过读懂他人的表情，进而了解他人的情绪，推断他人的想法，调整相互之间的交往策略是人类重要的适应能力。

2. 情绪状态

根据情绪状态的强度和持续时间可分为心境、激情和应激。

（1）心境：心境是一种深入持久而又比较微弱的情绪状态，具有弥散性和长期性的特点。心境的弥散性是指当人具有了某种心境时，这种心境表现出的态度体验会朝向周围的一切事物。一个在单位受到表彰的人，会感觉心情愉快，回到家里同家人会谈笑风生，遇到邻居会笑脸相迎，走在路上也会觉得日丽风清；而当他心情郁闷时，在单位、在家里都会情绪低落，无精打采，甚至会"感时花溅泪，恨别鸟惊心"。

引起心境产生的原因很多,工作和生活中的顺境和逆境,事业上的成功与失败,人际关系的亲与疏,经济条件的优与劣,身体健康的好与坏,乃至自然环境和气候的变化,都可能是产生某种心境的原因。关于气候与心境(情绪)之间关系的研究,许多科学家和心理学家都作出了贡献。尤其是现代心理学和环境心理学领域,研究表明气候条件,如阳光、温度、湿度等,能够影响人们的情绪和心情。例如,季节性情感障碍(seasonal affective disorder, SAD)是一种在冬季缺乏阳光时更常见的情绪低落现象。研究者还发现,温暖、阳光充足的天气通常与更积极的情绪相关联。

(2)激情:激情是一种短暂、爆发强烈、疾风骤雨般的情绪状态。人们在生活中的狂喜、狂怒、深重的悲痛和异常的恐惧等都是激情的表现。和心境相比,激情在强度上更大,但维持的时间一般较短暂。

激情具有激动性和冲动性的特点。激动性指激情状态常伴随着强烈的情绪体验和剧烈的生理变化;冲动性指激情往往导致明显的外部行为,而且这种外部行为常具有盲目而且缺乏理智的性质。《儒林外史》中的范进听到自己金榜题名,狂喜之下,竟然意识混乱,手舞足蹈,疯疯癫癫;有些人在暴怒之下,双目圆睁、咬牙切齿,甚至会与人拳脚相加。但这些激情在宣泄之后,人又会很快平息下来,甚至出现精力衰竭的状态。

激情对人的影响有积极和消极两个方面。一方面,激情可以激发内在的心理能量,成为行为的巨大动力,提高工作效率并有所创造。如画家在创作中,尽情挥洒创意,浑然忘我;运动员在报效祖国的激情感染下,敢于拼搏,勇夺金牌。但另一方面,激情也有很大的破坏性和危害性。激情中的人有时任性而为,不计后果,对人对己都造成损失。一些青少年犯罪,就是在激情的控制下,一时冲动,酿成大错。激情有时还会引起强烈的生理变化,使人言语混乱,动作失调,甚至休克。所以,我们在生活中应该适当地控制激情,多发挥其积极作用。

(3)应激:指出乎意料的紧张或危险情景所引发的情绪状态。如在日常生活中突然遇到火灾、地震,飞行员在执行任务中突然遇到恶劣天气,突然遭到歹徒的抢劫等,无论天灾还是人祸,这些突发事件常常使人们心理上高度警醒和紧张,并产生相应的反应,这都是应激的表现。人在应激状态下常伴随明显的生理变化,这是因为个体在意外刺激作用下必须调动体内全部的能量以应对紧急事件和重大变故。这个生理反应的具体过程为紧张刺激作用于大脑,使下丘脑兴奋,肾上腺髓质释放大量肾上腺素和去甲肾上腺素,从而大大增加体内某些器官和肌肉处的血流量,提高机体应对紧张刺激的能力。

3. 积极情绪和消极情绪

情绪可以根据其快感度的特点分为积极情绪和消极情绪。积极情绪是以"愉快"这种体验为特点的情绪,如高兴、热情等。消极情绪是以"不愉快"这种体验为特点的情绪,如紧张、悲哀、烦恼等。一般来说,快乐、热情等积极情绪不仅能够提高人的活动效率,加深人与人之间的感情关系,而且有益于人的身心健康。而愤怒、恐惧、悲哀等消极情绪不仅会降低人的活动效率,而且会对人的身心健康造成损害。

心理学家通过研究发现感受到高水平积极情绪的人往往是那些积极的、满足的和对生活满意的人,而低水平积极情绪的人则常常是悲伤或懒散的。感受到高水平消极情绪维度的人体验到的是紧张、愤怒和压力,而低水平消极情绪的人则表现得镇静、平和。

三、情绪的功能

情绪作为人反映客观世界的一种形式,是人的心理的重要组成部分,对人的生活具有重要的作用。

1. 适应保护功能

情绪是个体适应环境,求得生存的工具。达尔文指出,情绪的最初功能只具有生存适应的功能,情绪的社会性含义是后天派生出来的。

婴儿的情绪伴随着他们逐渐适应社会环境而发展起来。哭是婴儿最具特征的适应方式,婴儿用哭声告诉大人们他们身体不舒服、饥饿等,随着要表达内容的增加,活动范围的扩大,儿童与大人交流的情绪反应也逐渐增加并产生分化。笑对婴儿而言,只是一种生理上的舒适反应,在与成人后来的接触当中,婴儿逐渐产生主动的微笑反应,也就是社会性微笑。情绪可以让我们准确地知觉情景的危险,帮助我们适应环境。由于生理反应与情绪密切相关,所以当我们遇到危险状况时,马上就会有紧张害怕的感觉,伴随的是心跳加快、呼吸急促、分泌肾上腺素,从而产生"奋力对抗"或"落荒而逃"的反应,以保护自己、回避危险。

情绪的适应功能还在于改善和完善人的生存和生活条件。由于人生活在具有高度文化的社会里,情绪适应功能的形式有了很大的变化,在日常生活中人们用微笑向对方表示友好,通过移情和同情维护人际关系,情绪起着促进社会亲和力的作用。而恐惧情绪则使人回避危险,保证自身安全。可见,情绪可以使我们更好地适应环境。

2. 动机激励功能

人的各种需要是行为动机产生的基础和主要来源,而情绪是需要能否得到满足的主观体验,它能激励人的行为,改变行事效率。积极的情绪状态会成为行为的积极诱因,消极的情绪状态则起到消极诱因的作用,人们会受到情绪的激发以摆脱这种状态,因此,情绪就起到动机的发起和指引功能,使人们追求导致积极情绪的目标而回避导致消极情绪的目标。适度的情绪兴奋也可以使个体的身心处于活动的最佳状态,进而推动其有效完成任务,有研究表明,适当的紧张和焦虑能够促使个体积极思考并成功解决问题,过于松弛或过于紧张对行为的进程和问题的解决不利。

3. 组织调节功能

情绪具有影响和调节认知过程的作用。情绪能促进或阻碍学习、记忆、判断和问题解决过程。心理学家研究发现,那些处于温和愉快情绪中的人,比起那些处于消极情绪的人在创造性测验中表现得明显更好。愉快的情绪会使认知活动更有效,使我们产生更富创造性的想法和问题解决方式。生活中我们也能发现,如果保持良好的情绪,在工作或学习中的表现会更好也更有效率。良好情绪状态下,容易回忆带有愉快情绪色彩的材料;如果识记材料在某种情绪状态下被记忆,那么在同样的情绪状态下,这些材料更容易被回忆出来。当人处在积极、乐观的情绪状态时,倾向于注意事物美好的一面,而在消极情绪状态下则使人产生悲观意识,失去希望和渴求,更易产生攻击性行为。

4. 传递沟通功能

情绪和语言一样,具有服务人际沟通的功能。情绪通过独特的沟通手段,即表情来实现信息传递和人与人之间的相互了解,其中面部表情是最重要的情绪信息媒介。表情信号的传递不仅服务于人际交往,而且常常成为人们认识事物的媒介。情绪的沟通交流作用还体现在构成人际的情感联结上。如依恋、友谊、亲情和恋爱等都是以感情为纽带的联结模式。

5. 和健康相互影响

"喜伤心,怒伤肝,忧伤肺,思伤脾,恐伤肾。"我国古代医学很早就有关于不良情绪影响人体健康的论述。现代科学则更进一步地揭示了情绪和健康之间的关系。情绪可通过神经、内分泌和免疫系统引起的生理变化影响健康,严重时也可导致疾病。乐观的情绪有利于健康和长寿,而不良情绪危害身心健康。不良情绪主要指过度的情绪反应和持久性的消极情绪反应。欢乐、愉快、喜悦、高兴等都是积极良好的情绪体验。这些情绪的出现,提高了神经系统的活力,使机体各器官的活动协调一致,有助于充分发挥机体的潜能,有益于身心健康和提高活动效率。

【心理小常识】

情绪躯体化具体表现

暴躁会存在子宫里。

压力会存在于肩颈。

郁闷会存在乳房里。

委屈纠结会存在胃里。

高敏感人群容易过敏……

洞察情绪、调适情绪

一、女性的情绪特点

"喜怒哀乐,人皆有之。"处于青年期的女性,也有着丰富的情绪情感。女性情绪发展的特点表现在以下几个方面。

1. 情绪体验的丰富性和复杂性

女性身上会体现出各种情绪,并且各类情绪的强度不一,如有悲哀、遗憾、失望、难过、悲伤、哀痛及绝望之分。从自我意识的发展来看,女性表现出较多的对自我体验、自我尊重的需要强烈,易产生自卑、自负等情绪体验;从社交方面来看,女性的交际范围日益扩大,与同学、朋友及同事之间的交往更细腻、更复杂,有的女性还开始体验一种更突出的情感——恋爱,而恋爱活动往往又伴随着深刻的情绪体验,这种特殊的体验对女性有十分重要的影响;在情绪体验的内容上,女性的情绪呈现出相当丰富多彩的特征,以惧怕的情绪来说,女性所怕的事物,主要与社会的、文化的、想象的、抽象复杂的事物和情势有关,如怕业绩考核、陌生人、惩罚、被抛弃及寂寞等。

2. 情绪体验的平稳性和波动性

青年时期是人生面临多种选择的时期,工作、学习、交友及恋爱等人生大事基本在这一阶段完成。社会、家庭、学校及生活事件，都会对女性的情绪产生影响。尽管女性的认识水平已有一定的提高，对自己的情绪已有一定的控制能力，情绪亦趋于稳定，但同男人相比，女性相对敏感，情绪带有明显的波动性，一句善意的话语、一个感人的故事、一支动听的歌曲及一首情理交融的诗歌，都可以使情绪发生骤然变化。特别是在社会转型过程中，社会的变迁、新与旧价值观的更替，种种复杂的社会现象更容易使女性产生困惑和迷茫，产生情绪的困扰与波动。同时，女性因为大脑结构的问题，她们的情绪起伏较大，带有明显的波动性特征，胜利时得意忘形，挫折时垂头丧气；喜欢时花草皆笑，悲伤时草木流泪，情绪的反应摇摆不定、跌宕起伏，呈现出大起大落、大喜大悲的特点。

3. 情绪体验的突然性和盲目性

由于知识水平和认知能力的提高，女性对自己的情绪能够有所控制，但由于她们兴趣广泛，对外界事物较为敏感，加之年轻气盛和从众心理，因而在许多情况下，情绪体验快而强烈，喜怒哀乐常常一触即发，表现出热情奔放的冲动性特点。她们往往对符合自己信念、观点和理想的事件或行为会迅速表现出热烈的情绪；对于不符合自己信念、观点和理想的事件或行为，则会迅速表现出否定情绪。有时一部分人甚至会盲目狂热，而一旦遇到挫折或失败又会灰心丧气，情绪来得快，平息也快。

女性情绪的冲动性常常与爆发性相连。部分女性的自制力较弱，一旦出现某种外部强烈的刺激，情绪便会突然爆发，借助于冲动的力量驱使，以至于在语言、神态及动作等方面失去理智的控制，忘记其他任何事物的存在，极易产生破坏性的行为和后果。

4. 情绪体验的外显性与内隐性

一般而言，女性的很多情绪是一眼就能看出的。但由于女性自制力的逐渐增强，以及思维的独立性和自尊心的发展，她们情绪的外在表现和内心体验并不总是一致的，在某些场合和特定问题上，有些女性会隐藏或抑制自己的真实情感，有时会表现出内隐、含蓄的特点。如对工作、学习、交友、恋爱和择业等具体问题，她们往往深藏不露，具有很大的内隐性。另外，随着女性社会化的逐渐完成与心理逐渐成熟，她们能够根据特有条件、规范或目标来表达自己的情绪，使自己的外部表情与内部体验有不一致性。如有的女性对异性萌生了爱慕之情，往往留给对方的印象却是疏离、贬低、冷落。

5. 情绪体验的社会性和文化性

女性是对社会文化变迁最敏感的人，她们的情绪变化在一定程度上反映了社会文化的变迁和特色。不同的社会文化下的女性会有不同程度和内容的情绪特征，这既表现在不同的国家，也表现在不同的时代、不同的层次里。当代女性更多地表现出情绪的开放性、大胆性、进取性，情绪内容的丰富性，以及与传统文化矛盾而带来的情绪矛盾性、冲突性，由急速变化的现代社会引起的情绪应激程度增加而导致的紧张性、压抑性增强等。有些女性虽然物质比较宽裕，但是精神压力却大大增加，因而她们的情绪往往具有脆弱性、不成熟性。

【心理学小知识】

如何防止行为情绪化

想防止行为情绪化，专家们给出了如下建议。

（1）了解自己的情绪，对自己的情绪表达有一定的认识，发现并承认自己情绪的弱点。在每个人的情绪世界里都有优点和弱点、长处和短处。为此,我们一定要认识自己情绪世界中的弱点和短处,不能回避,不能视而不见。

(2)在陷入情绪化之前,调动理智控制自己的情绪,使自己冷静下来。在遇到较强的情绪刺激时应强迫自己冷静下来,迅速分析事情的前因后果,再采取表达情绪或消除冲动的"缓兵之计",尽量使自己不陷入冲动鲁莽、简单轻率的被动局面。例如,当你被别人无聊地讽刺、嘲笑时,如果你顿显暴怒,反唇相讥,则很可能引起双方争执,怒火越烧越旺,自然于事无补。但如果此时能提醒自己冷静一下,采取理智的对策,如用沉默为武器以示抗议,或只用寥寥数语正面表达自己受到伤害,指责对方无聊,对方反而会感到尴尬。

(3)用暗示、转移注意力等情绪调节方法调节自身情绪,避免负性情绪爆发。一般情况下,使自己生气的事,都是触动了自己的尊严或利益,很难瞬间冷静下来,所以当察觉到自己的情绪非常激动,要控制不住时,可以及时采取暗示、转移注意力等方法自我放松,鼓励自己克制冲动。言语暗示如"不要做冲动的牺牲品""过一会儿再来应付这件事,没什么大不了的"等,或转而去做一些简单的事情,或去一个安静平和的环境,这些都很有效。人的情绪往往只需要几秒钟、几分钟就可以平息下来。但如果不良情绪不能及时转移,就会更加强烈。例如,忧愁者越是向忧愁的方面想,就越会感到自己有许多值得忧虑的理由;发怒者越是想着发怒的事情,就越感到自己发怒完全应该。根据现代生理学的研究,人在遇到不满、恼怒、伤心的事情时,会将不愉快的信息传入大脑,逐渐形成神经系统的暂时性联系,形成一个优势中心,而且越想越巩固,日益加重;如果马上转移,想高兴的事,向大脑传送愉快的信息,争取建立愉快的兴奋中心,就会有效地抵御、避免不良情绪。

(4)平时可进行一些有针对性的训练,培养自己的耐性。可以结合自己的业余兴趣、爱好，选择几项需要精心、细心和耐心的事情做，如练字、绘画、做精细的手工等，不仅可以陶冶性情，还可以丰富业余生活。

二、女性常见的不良情绪及其调适

情绪本身并无是非、对错、好坏之分，每一种情绪，即使是消极或负面情绪，都有它的价值和功能。诺贝尔文学奖得主赫曼·赫塞说："痛苦让你觉得苦恼的，是因为你惧怕它、责怪它；痛苦会紧追你不舍，是因为你想逃离它。所以，你不可逃避，不可责怪，不可惧怕。"我们应学会坦然接受自己的情绪，尤其是负性情绪，将它视为正常，而且应该为负面情绪留一个适当的空间。

1. 女性常见的不良情绪主要表现

（1）抑郁和焦虑：抑郁是指自己对某一方面的需要得不到满足而引起的一种持续稳定的心理状态，如出现沉闷、压抑、悲哀、自暴自弃、缺乏活力、冷漠、精神萎靡、睡眠障碍及注意力不集中等反应。焦虑指过分担心发生威胁自身安全和其他不良后果的一种情绪反应，如适应焦虑、考试焦虑、健康焦虑、选择焦虑等，容易导致失眠、疲倦、头痛、紧张、恐惧、忧虑、担心及过度警觉等不良反应。

女性常见的焦虑有自我形象焦虑、工作焦虑和情感焦虑。自我形象焦虑是担心自己不够美丽，没有吸引力，体貌过胖或者矮小等。这类焦虑主要与自我认知有关，需要通过调整自我认知重新接纳自我，建立新的自我形象。情感焦虑多数属于因恋爱受挫而引发的自我否定，认为自己不具备爱和被爱的能力，因而过度担心引起焦虑。

克服焦虑的主要方法：了解女性焦虑背后深层次的潜在冲突，

在此基础上给予支持性的专业辅导,包括正确认知、勇敢面对、学会放松等。

（2）自卑：自卑感是因为对自己评价过低而产生的压抑、羞愧情绪体验,是自我意识中的自我情绪体验形式之一。自卑感的出现可能有真正的生理心理缺陷基础,也可能仅仅是出于想象。自卑的人自我评价过低,评价不符合自身实际情况,因而会轻视自己,或者看不起自己,对自己没有信心,在社会生活中表现出胆怯、退缩,担心不被他人尊重,对他人的评价异常敏感,为了避免受到进一步的心理伤害,尽量不与人接触,把自己封闭起来。当女性在某方面的实际状态与个人自我期望不相符合时,自卑感最易出现。

女性自卑感的产生有其独特的心理背景。从心理发展过程看,儿童主要依靠他人如家长、老师的价值观念来确定自己的价值,成人则主要靠自我价值观念指导约束自我行为,女性对自己外貌、能力、个性品质非常关注,但尚未形成准确的自我认识,对自我的评价容易被具体情境牵着走。

（3）恐惧与孤独感：指在某种特定事物、处境或与人交往时而发生强烈恐惧,主动采取回避的方式解除焦虑不安。其具体表现为胆小、害羞、被动、依赖及焦虑等反应。由于缺乏正常的人际交往关系而产生空虚感与失落感。

（4）愤怒：愤怒是由于客观事物与人的主观愿望相违背,或者因为愿望无法实现时,人们内心产生的一种强烈的情绪反应。心理学研究表明,当愤怒发生时,可能会导致心跳加快、心律失常、血压升高等躯体性疾病,同时还会使人的自制力减弱甚至丧失,思维受阻、行为冲动,甚至干出一些事后令自己后悔不已的事情,或者是造成不可挽回的损失。

【心理案例】

我该怎么办

案例描述：小雪，自述不善交际或者说不喜欢交际。生来性格急躁，这可能是受父母的影响，最讨厌磨蹭的人，而且总是把事情往坏处想。有一个谈了4年的男朋友，性格温和，很迁就自己，从来不发脾气，家庭条件也很不错，但是自己总是对他不满，经常找各种借口和他吵架，因为一些不开心的事情，总是找莫名其妙的理由跟他发火，比如他的手机突然没电关机打不通的话，小雪会一遍一遍地拨打电话直到打通为止，然后愤怒地斥责男朋友直到他道歉为止。有时候心情不好，会随便找个借口与他吵一架，说吵完之后自己心情就好很多，而他总是把错误揽在自己身上，不予计较。也许是因为自身性格问题，经常与朋友闹矛盾，有时候觉得朋友交谈的话题太无聊，不知道为什么她们总在这些无聊的话题（比如吃饭、逛街、化妆品等）上聊上半天。尤其很不喜欢室友总会说自己男朋友如何有钱，感觉太虚荣了，所以小雪总会表现出很不喜欢她，不和她说话或者故意讽刺她。觉得自己有点"神经质"，越来越控制不住自己的脾气，不知道怎么办。

案例分析：首先，一个人性格的养成跟其家庭心理环境有关，我们可能潜移默化地模仿了父母的待人接物的方式，比如不太与人交往的家庭，常常孩子长大了也变得不喜欢交际，不喜欢交际的背后可能是因为不善于交际，在人际交往中没有得到快乐，因此就不喜欢了。其次，一个人的气质类型会决定这个人为人处世的方式。如胆汁质，就可能脾气暴躁易怒。而多数这样的人在人际交往中很不如意，心中的纠结无法排解，在同学中无法发泄自己心中的怒火时候，就常常将无名火转移到自己亲近的人身上，因为这样更不容易受到伤害。一个人的气质虽然与遗传有很大关系，但是后天成长的环境也会对其造成影响。这位同学的男朋友就对她的不良性格起到了强化作用。过度的迁就与溺爱，只会使她更认为在男友身上发泄是安全的，会使她变本加厉。

建议：小雪如果能够多学习人际交往的技术和技巧，并在现实生活中不断运用，促进自己的人际关系更加和谐，性格也会逐渐得到优化。要尝试分析自己的情绪变化规律，学习情绪控制的方法，并且不断练习和强化。

2. 女性不良情绪的调适方法

由于不良情绪会妨碍人们的身心健康。因此，女性应该对情绪进行科学调适，学会如何进行情绪的自我调节。不同情境中的负性情绪可以采取不同的方法进行自我调节与控制。

（1）好心情、好情绪吃出来：要想通过食物帮助调理情绪，在饮食中可以适当地吃些巧克力，或者可以吃香蕉、葡萄等食物，具体如下。

1）巧克力：巧克力中含有的苯乙胺，它可以帮助调节人的情绪，而且它的镁元素含量也比较丰富，所以适当地吃些巧克力可以使人的心情得到改善。

2）香蕉：香蕉也能够帮助改善不良情绪，因为香蕉含有生物碱，它可以使精神振奋，帮助减少忧郁感，而且香蕉还有一定的润肠通便的功效，可以缓解便秘引发的烦躁情绪。

3）葡萄：葡萄含有氨基酸、维生素和葡萄糖等物质，这些物质对大脑神经有一定的兴奋作用，可以帮助改善不好的情绪。

（2）宣泄情绪：感到受伤的时候，可以大哭一场，使情绪平静。美国心理专家威费雷认为，眼泪能把有机体在应激反应过程中产生的某种毒素排出。从这个角度看，遇到该哭的事情却强忍着不哭，就意味着"慢性中毒"。

从医学角度讲，人在激动时流出的泪会产生高浓度的蛋白质，它可以减轻乃至消除人的压抑情绪。因此，短时间的痛哭是释放不良情绪的最好方法，是心理保健的有效措施。不过哭泣也要把握一个度，只有在内心受到委屈和不幸达到极大程度时才哭，如果遇事就哭，反而会加重不良情绪。

宣泄情绪还包括向周围的人，包括朋友、亲人诉说自己心中的烦恼和忧虑。写日记、写信、写博客，也是倾诉心中郁闷很好的方式。

运动是抑郁症的"天敌"，锻炼是抑制劣性心理的良方。据有关研究表明，体育运动能使女性不良情绪得到合理形式的宣泄。通过体育运动可以使人的注意力发生转移、情感发泄、紧张程度得到松弛、情绪趋向稳定，可以为郁积的各种消极情绪提供一个合理的发泄口，从而消除情绪障碍，达到心理平衡。所以，常参加体育锻炼也是调节和控制情绪的一种良好方法。有趣的、自己喜爱的趣味性较强的运动，如羽毛球、乒乓球、排球及跳绳等对减轻女性的焦虑情绪有很大的帮助；足球、篮球、排球、健美操及集体舞等运动对女性的抑郁情绪都有好处；游泳、溜冰、拳击和体操中的跳马、单双杠则对克服恐惧情绪有很好的效果。

（3）自我安慰：要适当利用"酸葡萄"效应和阿Q精神。当一个人遇到不幸或挫折时，为了避免精神上的痛苦或不安，可以找出一种合乎内心需要的理由来说明或辩解。例如，为失败找一个冠冕堂皇的理由，用以安慰自己，或寻找理由强调自己所有的东西都是好的,以此来冲淡内心的不安与痛苦。这种方法,对于帮助人们在大的挫折面前接受现实,保护自己,避免精神崩溃是很有益处的。例如,对于失恋者来说,想到"失恋总比结婚后再离婚要好得多",便可以减轻因失恋带来的痛苦。因此,当人们遇到情绪的问题时,经常用"胜败乃兵家常事""塞翁失马,焉知非福""祸兮福之所倚,福兮祸之所伏"等进行自我安慰,可以摆脱烦恼,缓解矛盾冲突,消除焦虑、抑郁和失望,达到自我激励、总结经验、吸取教训的目的,有助于保持情绪的安宁和稳定。

(4)向安全型的人倾诉,但是要避免受到二次伤害:某些不良情绪常常是由于人际关系的矛盾和人际交往的障碍引起的。因此,当我们遇到不顺心如意、令人烦恼的事情,有烦恼时,能主动地找亲朋好友交流、谈心,比一个人独处思考、自怨自艾要好得多。因此在情绪不稳定时,找人谈一谈,倾诉一下,有缓和、抚慰、稳定情绪的作用。

另外,人际交往还有助于交流思想、沟通情感,增强自己战胜不良情绪的信心和勇气,能更理智地对待不良情绪。

(5)情绪升华法:升华是改变不为社会所接受的动机、欲望而使之符合社会规范和时代要求,是对消极情绪的一种高水平的宣泄,是将消极情感引导到对人、对己、对社会都有利的方向上去,如某女子因失恋而痛苦万分,但她没有因此而消沉,而是把注意力转移到工作上,立志做生活的强者,证明自己的能力。在工作的过程中,转移了注意力,减轻了心理上的痛苦程度。

(6)音乐治疗:音乐治疗属于心理治疗方法之一,是利用音乐促进健康,是消除心身障碍的辅助手段。根据心身障碍的具体情况,可以适当选择音乐欣赏、独唱、合唱、器乐演奏、作曲及舞蹈等形式。心理治疗师认为,音乐能改善心理状态,通过音乐这一媒介,可以抒发感情,促进内心情感的流露和交流。

许多临床资料和实验研究证明,音乐可以改善注意力、增强记忆力、活跃思想。丰富、改善情绪的状态,有利于调整和改善个性特点和行为方式,消除孤僻儿童与周围环境的情绪和理智障碍,加强人们对人生意义的认识和自信心,有助于调节情绪,增强生活信心。可以调节呼吸、循环、内分泌等系统的生理功能。对精神和神经系统有良好的影响,音乐还具有良好的镇静、镇痛作用。音乐对人体的作用,主要通过心理作用和生理作用两个途径实现。

科学家认为,当人处在优美悦耳的音乐环境之中,可以改善神经系统、心血管系统、内分泌系统和消化系统的功能,促使人体分泌一种有利于身体健康的活性物质,可以调节体内血管的流量和神经传导。另一方面,音乐的频率和声压会引起心理上的反应。良性的音乐能提高大脑皮层的兴奋性,可以改善人们的情绪,激发人们的感情,振奋人们的精神。同时有助于消除心理、社会因素所造成的紧张、焦虑、忧郁、恐怖等不良心理状态,提高应激能力。

总之,音乐治疗不同于一般的音乐欣赏,它是在特定的环境气氛和特定的乐曲旋律、节奏中,使患者心理产生自我调节作用,从而达到治疗的目的。对于亢奋的情绪状态,可以选择节奏慢、让人思考的乐曲,以调整心绪,克服急躁情绪,如一些古典交响乐曲中的慢板部分。

(7)及时咨询心理咨询师或心理医生:除上述方法外,有条件的,可以找心理咨询师进行咨询,在心理咨询师的指导和帮助下,克服不良情绪。情绪问题达到严重程度的,应该到正规医院的心理科咨询心理医生,让医生做出科学的诊断和治疗。

【心理词典】

积极心理学

积极心理学是20世纪末期首先在美国兴起的一场心理学运动,发起者是美国心理学家塞利格曼。它倡导人类要用一种积极的心态对人的许多心理现象和心理问题作出新的解读,并以此来激发每个人自身所固有的某些实际的或潜在的积极品质和积极力量,从而使每个人都能顺利地走向属于自己的幸福彼岸。

积极心理学从传统心理学研究生命中最不幸的事件变化到研究生命中最幸福的事件。它研究3个主题,首先是积极情绪体验,积极情绪的"扩展-建构"理论认为,个体看起来相对离散的积极情绪有利于增强在某一时刻的思想和行为能力。积极心理学还对主观幸福感这一积极情绪进行了重点研究,强调人要满意地对待过去、幸福地感受现在和乐观地面对将来。其次是对积极人格特质的研究,塞利格曼用"解释风格"来对人格进行描述,他把人格分为"乐观型解释风格"和"悲观型解释风格",积极心理学具体研究了包括好奇、乐观等在内的24种积极人格特质,认为培养个体具有这些积极人格特质的一条最佳途径是增强个体的积极情绪体验。最后是积极组织系统的研究,积极心理学主要研究了怎样建立积极的社会、家庭和学校等系统,从而使人的潜力得到充分发挥的同时也能感受到最充分的幸福。

构造桥,而非墙
——女性的人际交往

世间最美好的东西,莫过于有几个头脑和心地都很正直的朋友。

——阿尔伯特·爱因斯坦

积极心理学界的两位领袖人物艾德·狄纳和马丁·塞利格曼研究了一些"非常快乐的人",并将他们和"不快乐的人"做了比较。结果发现,在外界因素中,唯一能够区分两种人的是,是否具有丰富而满意的人际关系。美国著名心理学家卡耐基说过:"一个人成功15%要靠专业知识,85%要靠人际关系与处世技巧。"统计结果表明,良好的人际关系,可使工作成功率与个人幸福达成率达85%以上;某地被解雇的4000人中,人际关系不好者占90%,不称职者占10%;大学毕业生中人际关系处理得好的人平均年薪比优等生高15%,比普通生高33%。可见,人际关系的好坏对于一个人的成功和心理健康十分重要。

交往是人类存在、发展的需要,是人格发展、人格健全的必经之路,是身心健康、生活幸福的保障,是事业成功、婚恋成功的关键。因此,良好的人际交往,融洽的人际关系对于每个人的发展和生活都是非常重要的。处于青年时期的女性,思想活跃、感情丰富,对人际交往的需求极为强烈,人人渴望友爱,力图通过交往获得友谊,结识更多朋友,度过愉快美好的青年时光。然而在现实生活中,有的人在人际交往中左右逢源,得心应手,享受喜悦,而有的人却人人讨厌,受到冷落,体验烦恼。怎样才能有良好的人际交往呢?本章将教会你善于与人交往,解决交往中的问题,体验良好的人际关系带给我们的愉悦。

女性人际交往概述

一、人际交往概述

交往指人们运用语言、文字或肢体动作、表情等表达手段将某种信息传递给个体或群体，交换意见、传达思想、表达感情和需要等交流过程，包括物质交往和精神交往。交往是人类特有的需求，人只有不断地与他人交往，才能促进个性发展，有利于心理健康。

1. 人际交往的含义

人际交往又称社会交往，指个人与个人、个人与群体或群体与群体之间通过一定方式进行接触，从而在认知、情感和行为上相互影响的过程。

2. 人际交往与人际关系

有句古话说得好："天时不如地利，地利不如人和。"这里的"人和"实际上就是人与人交往时的协调程度，协调得好就是和，协调得不好便是不和，要想达到"人和"即人际协调，必须注意各种各样的人际关系。

人际交往和人际关系两者既有联系又有区别。人际交往是人际关系实现的根本前提和基础，也是人际关系形成的途径；而人际关系则是人际交往的表现和结果。两者的区别在于人际交往侧重人与人之间的联系与接触的过程和结果。从时间上看，人际交往在前，人际关系在后；人际交往是一个动态的过程，而人际关系则具有相对的稳定性。

二、女性人际交往与人际关系的重要意义

1. 良好的人际交往是女性心理健康的重要基础

人际交往是个人社会化的起点和必经之路。健全的人格总是与健康的人际交往相伴随的，心理健康水平越高，与别人交往越积极，越符合社会的期望。如果一个人长期缺乏与别人的积极交往，缺乏稳定而良好的人际关系，这个人往往就有明显的人格缺陷，也就不能很好地立足于将来的社会。

在诸多的心理咨询的问题中，人际交往问题占有很高的比例，其他很多心理问题也或多或少地、直接或间接地与人际关系不良有关。那些没有和谐的人际关系的女性，常常表现出抑郁、焦虑、压抑、敏感及人际关系紧张，甚至出现过度自我防卫的心理特点。很多身体疾病，如高血压、糖尿病、消化性溃疡和癌症，都和长期不良的情绪和心理遭受创伤有关。

【心理案例】

珍妮

珍妮（化名）13岁时受到有关部门的注意。她的父母对她特别粗暴，她几乎所有时间都是独自一个人，而且被绑得紧紧的。没有人跟她说过话，她弄出一点声音就要挨打。

发现她时，珍妮缺乏很多基本技能，她既不会咀嚼也不会站直

走路，大小便失禁，几乎不会说话。珍妮接受了强化培训，最后被送到一个收养她的家庭。在体能和社交能力方面，她都取得了惊人的进步。尽管她学会了理解和使用基本的语言，可是她的语法和发音却始终是不标准的。

2. 良好的人际关系是女性完善自我意识、形成良好个性的基础

在人际交往的过程中，我们给他人的印象是怎样的，以及他人会怎样评价我们？认真思考这个问题，比较一下他人对自己的评价和自己对自己的评价的异同，将有助于我们更好地认识自己、完善自己。

心理学家研究发现，健康的个性总是与健康的人际交往相伴随，离群索居会使人产生孤独、忧虑，可以导致身心障碍。

3. 良好的人际交往有助于促进社会化进程、增强人格魅力

人际交往是个人社会化的起点和必经之路。健全的人格总是与健康的人际交往相伴随，心理健康水平越高，与别人交往越积极，越符合社会的期望。如果一个人长期缺乏与别人的积极交往，缺乏稳定而良好的人际关系，这个人往往就有明显的人格缺陷，也就不能很好地立足于将来的社会。

4. 良好的人际交往有助于建立和谐的人际关系、实现人生价值

人的本质是各种社会关系的总和，人际交往是人类生存和发展的需要，没有人与人之间的关系也就没有人类生活的基础。现代高科技信息社会，要求竞争与合作，即使一个人无论才华多么出众，也不可能事事皆会、样样皆通。只有良好的人际交往，才能让

我们相互沟通,善于从每一个人身上学习自己不知不会的东西,掌握更多的信息,形成互补和激励,取长补短,才能不断地进步,不断地完善自己,实现人生价值。

5. 良好的人际交往有助于增进友谊、提高幸福指数

爱迪生曾经说过:"友谊能增进快乐,减轻痛苦,因为它能倍增我们的喜悦,分担我们的忧愁。"正常的人际交往和良好的人际关系都是其心理正常发展、个性保持健康和生活具有幸福感的必要前提。

【心理研究】

人际关系学说——霍桑实验

20世纪20至30年代美国哈佛大学以梅奥教授为首的一些学者在美国西方电器公司霍桑工厂进行了有关工作条件、社会因素与生产效率之间关系的实验。实验选取了霍桑工厂14名男性工人在单独的房间里进行绕线、焊接、检验工作,并施行计件工资制度(按照生产的合格品的数量来计算报酬)。实验最初设想这种工资制度会激励工人更加努力工作,但观察的结果并非如此,每个工人的日产量平均都相差不多,且工人并不如实报告产量。经过调查发现,这14名工人为了他们群体的利益,自发形成约定,谁都不能做得太突出,谁也不能做得太少,并互相承诺不向管理者告密,违约者轻则遭到挖苦谩骂,重则被拳脚相向。而工人们之所以维持中等生产水平,是担心当产量提高时,管理者会改变现行奖励制度,惩罚员工或裁员,有损于群体利益。

后来,研究者又改变了工厂照明条件,想证明工作环境和生产效率之间的关系。实验结果表明,改善工作环境只是影响生产率

的一个因素，还有其他影响因素。后来研究者又经过多次实验发现，群体间良好的人际关系更胜于个人的一些物质利益，人与人之间形成的非正式群体在一定程度上会影响到群体中成员的情绪、态度以及学习和工作效率。要想提高生产率，人与人之间相互作用是非常重要的。

梅奥等人在霍桑实验的基础上，创立了早期的行为科学——人际关系学说，梅奥也因此成为人际关系理论的创始人。

女性人际交往的特点

随着社会的发展,人际交往能力与人际关系已经受到越来越多的女性的重视。女性的人际交往受到多种因素的影响,因而也就具有女性这个群体自身特点。

一、人格特征对人际交往的影响

人格健康水平高的人同别人的交往以及人际关系都很好,他们有着一系列有利于积极交往和建立良好人际关系的人格特点。

人缘型与嫌弃型人格特征

人缘型	嫌弃型
尊重他人,关心他人,对人一视同仁,富有同情心	自我中心,只关心自己,不为他人的处境和利益着想,有极强的嫉妒心
对团队活动有热心,对工作非常可靠和负责	对团队工作,敷衍了事缺乏责任感,或浮夸不诚实,或完全置身于集体之外
持重,耐心,忠厚老实	虚伪,固执,爱吹毛求疵。工作不努力,不求上进
热情,开朗,喜爱交往,待人真诚	不尊重他人,操纵欲、支配欲强,不听取群众意见
聪颖,爱独立思考,成绩优良且乐于助人	对人冷漠,孤独,不合群
重视自己的独立性和自治,并且有谦逊的品质	有敌对猜疑和报复的性格,势利眼,巴结领导或有权、有势、有钱的人

续表

人缘型	嫌弃型
有多方面的兴趣和爱好	行为古怪，喜怒无常，粗鲁，粗暴，神经质
有审美的眼光和幽默感，且不尖酸刻薄	狂妄自大，自命不凡，兴趣缺乏，生活放荡
温文尔雅，仪表端庄	工作很优秀，但不肯帮助他人，甚至轻视他人，自我期望很高，小气，对人际关系过分敏感

由此可见，不同的人格特征决定了不同形式的交往，影响了不同的人际关系的发展。

二、女性人际关系的结构

1. 女性与同事的人际关系

女性同事的人际关系有3种基本类型，即友好关系型、淡漠关系型和对立关系型。

2. 女性在生活中的人际关系

女性生活方面的人际关系主要有3种情况，第一种是地域方面的人际关系；第二种是情趣方面的人际关系；第三种是异性人际关系。由于性意识的正常发展，女性已不再对于异性交往存在一种矛盾的心理，而是倾向于与异性进行交往。这是一种正常的人际交往，对于女性的人格健全和全面发展有着非常重要的影响。

三、女性人际交往的主要特点

从交往特点上看，女性交往呈多元与开放交往。女性渴望友谊，渴望结交更多的朋友，交流更多的信息，接受更多的新思想。在这种心理的作用下，女性的人际交往呈现以下特点。

1. 交往需求迫切，但是容易受到伤害

随着生理和心理的发展，女性归属和爱的需要、尊重的需要以及自我实现的需要逐渐进入旺盛期，这些内在的需要促使女性产生了强烈的交往动机，渴望与他人交往。

因为生理结构的原因，男女的交往有些差异。女性的交往往往带有浓厚的理想色彩，在交往中非常注重感情交流，习惯于用理想的标准要求对方。女性常常崇尚真诚、鄙视虚伪，希望交往的对象是真诚、善良的。因此，当她们在日常生活的交往中，一旦遇到感情投入真挚，但是回报冷漠的时候，便会产生强烈的失落感。另外，有些女性因为缺乏人际沟通的技能，很多交往并不是很令人满意，这种理想与现实的反差很容易给女性带来精神上的困扰，心理上的受伤。

2. 交往内容日益丰富、形式多样，但是深交甚少

女性交往的内容和形式非常丰富多彩，涉及经济、文化、体育、艺术、游戏、网络等各个领域，交往的形式也在不断拓展。在传统的学习、工作、生活和网络聊天、打游戏，请客吃饭、联欢、团建等活动中进行交往。但是很多交往只是流于表面，并无深交。

3. 平等意识增强

女性期望交往的对方真诚坦率、心理相容、彼此尊重、彼此珍惜。讨厌对方自私自利、盛气凌人、居高临下，期望人格和精神上的平等交往。

女性良好人际关系的建立

一、女性人际交往中的心理障碍

在与他人交往中,每个人都渴望和谐愉快的人际关系,讨厌那种肤浅的虚伪的"朋友"关系,因为这种关系不是建立在双方真正的心理互动、情感交流的基础之上,而是各取所需或迎合他人趣味的"塑料姐妹花"的伪朋友关系。

影响人际交往的因素较多,但就心理因素而言,主要有认知障碍、情绪障碍和能力障碍。

1. 认知障碍

在人际交往过程中,客观、公正地认知交往对象,正确地对待交往对象,是人际关系的前提。但人的社会认知都是在自己的认知系统调节下,利用一定的方式,通过对外界输入信息的加工而进行的。在这一过程中,由于认知主体原有的经验、价值观念、情感状态的参与和影响,常使人际认知出现各种偏差,导致人际交往障碍。

【心理词典】

投射效应

人际关系中的投射效应,即"以小人之心,度君子之腹",指与人交往时把自己具有的某些不讨人喜欢、不为人接受的观念、性格、态度或欲望转移到别人身上,认为别人也是如此,以掩盖自己不受人欢迎的特征。如自私的人总认为别人也很自私,而那些慷慨大方的人认为别人对自己也应不小气。投射作用往往使人在交往中很容易相互产生误解。

人际交往中常见认知障碍有以下几种。

(1)第一印象造成的认知偏差:第一印象指素不相识的人初次见面,通过对方的仪表、言谈、举止等外部特征所提供的信息而形成的印象。第一印象给人留下的印象是深刻的,一旦形成则较难改变。人们往往依据印象的好坏决定日后是否再与之交往。但第一印象往往是肤浅的、片面的,它经常与人的本来面目不相吻合。它容易导致以貌取人的错误,导致以偏概全的偏差。

(2)晕轮效应造成的认知偏差:晕轮效应又称光环效应,指人们依据已知的或某一局部的特征,推及认知对象未知的其他特征,形成对知觉对象的完整印象。晕轮效应是一种将信息泛化、扩张的心理效果,是一种以点带面的思想方法。当认知对象被标明是"好"的时候,就会被一种"好"的光圈所笼罩,并被赋予一切好的品质;当认知对象被标明是"坏"的时候,就会被一种"坏"的光圈所笼罩,他的所有品质都会被认为是坏的。

女性在交往过程中常常会出现这种将认知对象绝对化的错误。她们往往认为一个人好,就一好百好,对其缺点与不足往往会视而不见，对认为是"好"的人女性就愿意与之交往；反之，若认为一个人坏，便以为她的一切都是不好的，对其优点同样会视而不见，对认为是"坏"的人女性往往不愿与之交往。

（3）定势效应造成的认知偏差：定势效应指人们早已形成的对认知对象的心理准备状态。这种心理准备状态使人沿着一定的倾向性解释随后得到的信息，从而使客观知觉带上主观色彩。有一个大家十分熟悉的故事《疑邻偷斧》，讲的便是定势效应。一位樵夫丢了斧子，他怀疑是邻居偷去了，于是他看邻居的一举一动，都像是偷斧子的人，后来他上山打柴时找到了自己丢失的斧子，以后再看邻居时，邻居的一举一动都不像是偷斧子的人了。

定势效应有一定的积极作用，它可以使人在对象不变的情况下对事、对人获得更迅速、更有效的知觉。其消极作用是当条件已经改变时，受着固有定势的影响，会妨碍知觉的顺利进行，甚至造成对人、对事的歪曲。

（4）社会刻板印象造成的认知偏差：社会刻板印象是一种特殊的心理定势，又称定型化效应，指人们对某一类人所形成的一种较固定的笼统的看法。如认为南方人精明，北方人厚道；老年人勤俭、保守、落后、有责任心，年轻人单纯、幼稚、办事不牢等。这些都是社会刻板印象的表现。

社会刻板印象包含着一些真实成分，在一定程度上反映了认知对象的一些特征，具有一定的合理性；但同时，社会刻板印象又简化了人的认识过程。社会刻板印象在人际认知时，往往是将人简单地视为哪一类人，然后再将这一类人的所有特点赋予到每一个人身上，这样往往就会出现认知偏差。

（5）投射效应造成的认知偏差：投射效应指把自己所具有的某些特质加到他人身上的心理倾向。比如心地单纯、善良的人会认为别人也是善良、正直的；热情好客的人会以为他人也喜欢宾朋满座；喜欢运动的人会认为别人也喜欢运动；经常算计他人的人会以为别人也在算计等。所谓"以己之心，度人之腹"。

2. 情绪障碍

在人际交往中，情绪与情感起着十分重要的作用。人与人之间的吸引或排斥主要取决于双方情感上的接近或疏远。积极的情感能增进人与人之间的友好关系；消极的情感则会阻碍人与人之间的正常交往。容易导致交往障碍的负向情绪主要有自卑、羞怯、愤怒、恐惧等。

（1）自负心理：有一小部分女性，在平常的生活和工作、交往中，只是关心自己的需要，强调自己的感受，在与周围的人交往中表现为目中无人、自视过高、自命不凡，很少关心别人。事事都以自己的利益出发，从不顾及别人，有求于人的时候，依旧对对方没有丝毫的热情，似乎她就是公主，人人都应该围着她转。唯我独尊，固执己见，总是把自己的观点强加于人。在和朋友、同事们聚会的时候，会高谈阔论，或者不分场合地乱发脾气，全然不顾别人的情绪和感受。上面提到的这些行为就是自负的具体表现。自负是人格中不好的一面，会产生不少负面的影响。

（2）自卑心理：顾名思义，自卑与自负恰好相反，就是自己看轻自己。著名心理学家阿德勒在《自卑与超越》中提出一个观点："自卑是人的天性，人有自卑心理并不是一件坏事，如果处理得好甚至是一个强大的动力，每个人都有自卑心理，这与这个人的社会地位、文化程度的高低并没有关系，任何阶层的人都可能有不同程度的自卑。"在实际生活中，有人把自卑当作是努力勤奋的动力，也有人把自卑当作束缚自身发展的枷锁。

有些女性因为容貌、身材、学历、修养等方面的因素，在与他人交往中有自卑心理，不敢阐述自己的观点，做事犹豫、缺乏胆量，习惯随声附和，没有自己的主见。在交流中无法向对方提供有意义和有价值的意见和建议，让人感到与之相处是在浪费时间，自然敬而远之。

（3）害羞心理：害羞指在交往中过多地约束自己的言行，以致无法充分表达自己的思想感情，阻碍人际关系发展的心理现象。有害羞心理的人在与人交往中往往顾虑重重、缩手缩脚，不敢大胆与人交往，因此容易导致交往失败。

（4）忌妒心理：忌妒是自己对于别人的能力、地位、成就、外貌等方面比自己强而产生的一种不满、怨恨等混合心理体验，其主要特征是将他人的优越之处视为对自己的威胁，并因此而感到不满、怨恨等，进而借助于一定的手段来摆脱不满、怨恨等情绪，以求得心理上的平衡。

人际关系中，嫉妒比其他消极因素对人际关系的破坏作用更大。正如黑格尔所说："有嫉妒心的人，自己不能完成伟大的事业，便尽量去低估他人的伟大，贬低他人的伟大，使之与他本人相齐。"

（5）冷漠心理：孤芳自赏，把人与人之间的交往看作是对别人的施舍或者是恩赐，一副孤傲冷漠的态度，让别人不敢，也不愿意接近。

二、女性建立良好人际关系的基本原则

女性要改善人际关系，就必须明确人际关系的基本原则。了解这些原则，就会更清楚女性的人际交往要怎样才能处理得更好。

1. 主动交往原则

那些能主动进行交往，并能主动接纳别人的人，通常在人际关系上比较自信。那些不愿意主动交往的人，往往有两种可能，一是可能缺乏自信，担心遭到拒绝；二是在人际关系方面有些误解，认为主动打招呼就是低人一等。事实上，并非大家想象的那样。特别是在面临人际关系危机的时候，主动解释、消除误会，重新建立良好的人际关系是非常重要的。

2. 平等自信原则

无论什么交往，都没有高低贵贱之分，要以朋友的身份进行交往，才能深交。人际交往是平等的，每个人在人际交往中都应该充满自信。如果对方盛气凌人，高人一等，那么也没有必要和对方进行交往，退避三舍，敬而远之就足矣。

3. 包容原则

人际交往中难免会产生一些不愉快的事情，甚至产生一些矛盾冲突，有些女性个性较强，接触密切，不可避免地会产生矛盾。这就要求女性在交往中对非原则问题不斤斤计较，能够宽以待人，求同存异，以德报怨。宽容有助于扩大交往空间，滋润人际关系，消除人与人之间的紧张和矛盾。

【心灵鸡汤】

请阅读以下短文，谈谈你的感受。

一位青年人拜访年长的智者。

青年问："我怎样才能成为一个自己愉快，也能使别人快乐的人呢？"

智者说:"我送你四句话。第一句是,把自己当成别人。即当你感到痛苦、忧伤的时候,就把自己当做别人,这样痛苦自然就减轻了;当你欣喜若狂时,把自己当做别人,那些狂喜也会变得平和些。第二句是,把别人当做自己,这样就可以真正同情别人的不幸,理解别人的需要,在别人需要帮助的时候给予恰当的帮助。第三句是,把别人当成别人,要充分尊重每个人的独立性,在任何情形下都不能侵犯他人的核心领地。第四句是,把自己当做自己。"

青年问道:"如何理解把自己当做自己,又如何将四句话统一起来呢?"

智者说:"用一生的时间,用心去理解。"

4. 共赢、多赢原则

人际关系以能否满足交往双方的需要为基础。如果交往双方的心理需要都能获得满足,其关系才会继续发展。因此,交往双方要本着多赢、共赢的原则。共赢是指双方在满足对方需要的同时,又能得到对方的报答。人际交往永远是双向选择,双向互动。你来我往交往才能长久。

5. 诚实互信原则

人际交往离不开诚信。在与他人的交往中,应该"一诺千金"而不是轻易许诺,以免失信于人。朋友、同事、同学之间,言必信,行必果。通过经年累月的言行举止,获得别人的信任。

女性健康人际关系的培养

女性在与他人交往的过程中,经常会遇到交往对象不配合的各种情况,由于交往对象的不积极配合,双方的沟通非常困难,当然也就谈不上有良好的沟通效果和结果,这肯定会影响我们的工作、学习和交友的效果。有些人虽然建立了交往关系,但是由于种种深层或者浅层的原因,中断的情况也很多。要想做到好的人际沟通,就要学会人际交往的基本技巧。

一、保持稳定的情绪

稳定良好的情绪是人际交往的黏合剂,不良的情绪是人际交往的污染源。喜怒哀乐伴随着人的一切活动,人际交往当然也不例外。在情绪不稳定的人身边,或者身处不好氛围的家庭中,有的人的身体就会有强烈的反应。她们的胃会不舒服,想呕吐,而且腰酸背痛,头疼严重。与这种人和这种家庭在一起,对人们就是一种折磨,感受到的是绝望、无助和孤独。

在情绪稳定的人和和谐家庭中,人们立刻就能感到安全感、真诚和爱意,还会体会到心灵、思想中的存在。这样的人和家庭,会展现出她们的爱心、智慧和对生活的热爱。在这样的人、团队或者家庭中,人们可以自由地倾诉、也乐于去倾听,会得到周围人的关心,也会愿意为他人着想。可以毫不掩饰地流露友谊和爱意,也能同样地表露痛苦和不同的意见。这样的人和团队、家庭，他们身体健康、心情放松、享受相伴彼此的感受，而不是相互漠视或者故意躲闪。儿童，甚至是婴儿在这个氛围里也能受到平等的待遇。

二、培养健全的人格

人格虽然有个体性，但绝不是孤立的。人是生活在社会群体中的动物，人格是在社会群体交往中体现出来的，所谓别人眼中的印象，就是人格的社会群体性。通常，具有良好性格特征的女性，如热情、开朗、积极向上等，往往具有相当大的魅力，易于使人产生可亲、可爱之感，因而极大地促进了人际关系的发展，使这些女性成为人际交往的成功者。

三、及时和对方沟通

世界上不被误会的人是没有的，关键是要有消除误会的能力和办法。如果误会得不到及时的解除，日积月累，就很可能会导致不幸。冷静思索后如果仍然有疑虑，就应该尝试各种方式，与对方开诚布公地沟通，来消除误会。

四、克服人际交往中的偏见

1. 不以点带面。
2. 不以一次交往论短长。
3. 相信自己的判断力和观察力。
4. 不要轻易给人下论断。
5. 不要以己度人。

五、注意人际交往中的空间距离

就一般而言，在人际交往中空间距离越小，双方越接近，就越容易引为知己，尤其是在交往早期阶段。但任何事物都是具有两面性的。当人与人之间的距离过于亲近时，双方往往会产生尴尬和不自在。反而不利于进行深入的交往，因此，人们常常一方面想通过靠近对方而获得温暖，另一方面又努力保持彼此之间的距离，以免因距离过近或过远而感到别扭。事实上，我们会依照与交往对象关系的远近，而自觉地调节交往的距离。由于社会文化的差异，各地区交往的空间距离也有差别，但总的来讲是有一定规范的。人们将这些规范称为人际距离带。恰当地运用人际距离带，有助于收到满意的交往效果。

1. 亲密带

这种地带是指交往双方的距离为0～0.5米。常在恋爱、互相抚慰或一方保护另一方时使用，双方通过感觉通道来交流信息。

2. 个人距离地带

这种地带距离在0.5～1.25米。与亲密朋友的交往距离一般为0.5～0.8米，与普通百姓的交往距离为0.8～1.25米。这种交往较少有身体接触，用这种距离与人交往，既能体现出亲密友好气氛，又会使交往对象感觉到这种友好是有分寸的。

3. 社会地带

这种人际距离一般为1.25～3.5米，这种距离表示出交往双方的相互关系已不再是私人性质，而是公开的。在这种交往中，双方一般都本着公事公办的态度，说话自然而响亮，谈话的内容也不需要保密。一般用于上下级之间、师生之间的交往。

4. 公共地带

公共交往距离一般为3.5～7.5米，常用于正式的交往。这种交往常有一些很正式的规范控制。

人际交往的距离既有共性,也有差异性。一般男性之间的交往距离要大于女性之间交往的距离;如果是异性之间的正常交往,距离不要太近,以免引起对方的不自在,甚至产生误解,出现尴尬局面;与社会地位比自己高的人进行交往时,距离要稍远一些。

六、优化个人形象

重视良好的第一印象的建立。在人际交往中,能够与我们朝夕相处,从而能很了解我们的人毕竟是少数,在与他人的短暂接触中,彼此的第一印象非常重要。怎样表现才能给对方留下良好、深刻的印象呢?美国著名人际关系学大师戴尔·卡耐基总结出了6条途径。

1. 真诚地对别人感兴趣。
2. 微笑。
3. 多提别人的名字。
4. 做一个耐心的听者,鼓舞别人谈论自己。
5. 谈符合别人兴趣的话题。
6. 以真诚的方式,让对方感到自己很重要。

【心理学小常识】

人际互动的哲学

人际互动的形式有合作与竞争。但在合作和竞争关系中,不同的人、不同的时间和场合,面对不同的对象,存在不同的人际互动哲学。

(1)利人利己:助人也利己,助人一臂之力,自己也成长。

(2)损人利己:你死我活,打压他人,获得自己成长的资源。

(3) 利人损己：燃烧自己，照亮别人。

(4) 损人损己：鹬蚌相争，最终两败俱伤。

(5) 不损人利己：无涉他人，独善其身。

(6) 利人不损己：举手之劳，济人于急难。

除极端的对抗性的情景，比如战争和部分竞技体育项目，在我们日常的经济和社会生活中，大多数情况下人际互动是可以达到双赢和多赢的效果的，我们要多做利人利己的事情，尽可能不做损人利己的事情，绝不做损人也损己的事情。

七、学会赞美和批评

威廉·詹姆斯指出："人性中最为根深蒂固的本性就是渴望受到赞赏。"成功的赞美，能给他人带来愉悦，使他人受到鼓舞，不仅如此，赞美者也能从中获得快乐和幸福。赞美，就像春天般的温暖，使两颗陌生的心彼此吸引，彼此靠近。但是，成功的赞美是要讲究一定的技巧的。准确地把握赞美，要恰如其分、恰到好处，才能达到自己的目的，并为他人所接受。

人非圣贤，孰能无过。人在生活中能有坦言指出自己缺点的朋友是非常可贵的。但为了不引起误会，能很好地保持良好的人际关系，应该注意：①批评要顾及对方的自尊心；②先赞赏后批评；③批评要诚恳、客观；④对不同的人要采用不同的方法；⑤批评的同时别忘指出迷津。

八、学会自我监控

自我监控指人们在人际交往中观察自己的自我表现和感情表达方式，并不断地作出监控和调整的过程。自我监控能力高的人能够随环境的变化自如地改变自己，交往更为顺利，良好的人际关系更容易建立。

九、在实践中锻炼提高交往能力

人际交往能力是后天习得的,女性要大胆实践。只有在实践中才能从各方面锻炼自己,克服交往中的心理问题,探索、总结、掌握交往技巧。从而改善、建立良好的人际关系,使自己愉快地度过女性生活,更为将来走向社会奠定好基础。

【心理测量】

人际关系心理诊断量表

这是一份人际关系行为困扰的诊断量表,共28个问题,每个问题做"是"(打"√")或"非"(打"×")两种回答。请认真完成,然后参照计分办法,阅读对测验结果所作出的解释。

1. 关于自己的烦恼有口难言。(　　)
2. 和陌生人见面感觉不自然。(　　)
3. 过分地羡慕和嫉妒别人。(　　)
4. 与异性交往太少。(　　)
5. 对连续不断的会谈感到困难。(　　)
6. 在社交场合,感到紧张。(　　)
7. 时常伤害别人。(　　)
8. 与异性来往感觉不自然。(　　)
9. 与一大群朋友在一起,常感到孤寂或失落。(　　)
10. 极易受窘。(　　)
11. 与别人不能和睦相处。(　　)
12. 不知道与异性相处如何能够适可而止。(　　)
13. 当不熟悉的人对自己倾诉他的生平遭遇以求得同情时,

自己常感到不自在。（　　）

14. 担心别人对自己有什么坏印象。（　　）
15. 总是尽力使别人赏识自己。（　　）
16. 暗自思慕异性。（　　）
17. 时常避免表达自己的感受。（　　）
18. 对自己的容貌／仪表缺乏信心。（　　）
19. 讨厌某人或被某人所讨厌。（　　）
20. 瞧不起异性。（　　）
21. 不能专注地倾听。（　　）
22. 自己的烦恼无人可倾诉。（　　）
23. 受别人排斥与冷漠。（　　）
24. 被异性瞧不起。（　　）
25. 不能广泛地听取各种不同意见、看法。（　　）
26. 自己常因受伤害而暗自伤心。（　　）
27. 常被别人谈论、愚弄。（　　）
28. 与异性交往不知如何才能更好地相处。（　　）

计分表

Ⅰ	题目	1	5	9	13	17	21	25	小计
	分数								
Ⅱ	题目	2	6	10	14	18	22	26	小计
	分数								
Ⅲ	题目	3	7	11	15	19	23	27	小计
	分数								
Ⅳ	题目	4	8	12	16	20	24	28	小计
	分数								
评分标准	打"√"的给1分，打"×"的给0分，总分								

总分在 0~8 分之间：说明你在与朋友相处上的困扰较少。你善于交谈，性格比较开朗、主动、关心别人，你对周围的朋友都比较好，愿意和他们在一起，他们也都喜欢你，你们相处得不错。而且，你能够从与朋友相处中得到许多乐趣。你的生活是比较充实而且丰富多彩的，你与异性朋友也相处得很好。

总分在 9~14 分之间：你与朋友相处存在一定程度的困扰，你的人缘很一般。换句话说，你和朋友的关系并不牢固，时好时坏，经常处在一种起伏波动之中。

总分在 15~25 分之间：那就表明你在同朋友相处上的行为困扰较严重；分数超过 25 分，则表明你的人际关系行为困扰程度很严重，而且在心理上出现了较为明显的障碍。你可能不善于交谈，也可能是一个性格孤僻的人，不开朗，或者有明显的自高自大、让人讨厌的行为。

以上是从总体上评述你的人际关系。下面，将根据你在每一横栏上的小计分数，具体指出你与朋友相处的困扰行为及可供参考的纠正方法。

计分表中Ⅰ横栏上的小计分数，表明你在交谈方面的行为困扰程度。

得分在 6 分以上：说明你不善于交谈，只有在极其需要的情况下你才同别人交谈，你总是难于表达自己的感受，无论是愉快还是烦恼。你也不是一个很好的倾听者，往往无法专心听别人说话或只对个别的话题感兴趣。

得分在 3~5 分之间：说明你的交谈能力一般，你会诉说自己的感受，但不能讲得条理清晰；你努力使自己成为一个好的倾听者，但还是做得不够。如果你与对方不太熟悉，开始时你往往表现为拘谨与沉默，不大愿意跟对方交谈。但这种局面在你面前一般不会持续很久，经过一段时间的接触与锻炼，你可能会主动与同学搭话，同时这一切来得自然而非造作，此时，表明你的交谈能力已经大为改观，在这方面的困扰也会逐渐消除。

得分在 0～2 分之间：说明你有较高的交谈能力和技巧，善于利用恰当的谈话方式来交流思想感情，因而在与别人建立友情方面，你往往能比别人获得更多成功。这些优势不仅为你的学习与生活创造了良好的心境，而且常常有助于你成为伙伴中的领袖人物。

计分表中Ⅱ横栏上的小计分数，表示你在交际与交友方面的困扰程度。

得分在 6 分以上：则表明你在社交活动与交往方面存在着较大的行为困扰。比如，在正常集体活动与社交场合，比大多数伙伴更拘谨；在有陌生人或老师存在的场合，你往往会感到更加紧张而扰乱你的思绪；你往往过多地考虑自己的形象而使自己处于越来越被动、越来越孤独的境地。总之，交际与交友方面的严重困扰，使你陷入情感危机和孤独困窘的状态。

得分在 3～5 分之间：则往往表明你在被动地寻找被人喜爱的突破口。你不喜欢独处，你需要和朋友在一起，但你又不大善于创造条件并积极主动地寻找知心朋友，而且，你心有余悸，生怕在主动后遭遇"冷"体验。

得分低于 3 分：则表明你对人较为真诚和热情。总之，你的人际关系较和谐，在这些问题上，你不存在较明显或持久的行为困扰。

计分表中Ⅲ横栏的小计分数，表示你在待人接物方面的困扰程度。

得分在 6 分以上：则往往表明你缺乏待人接物的机智与技巧。在实际的人际关系中，你也许常有意无意地伤害别人，或者你过分地羡慕别人以致在内心嫉妒别人。因此，其他一些同学可能回报给你的是冷漠、排斥，甚至是愚弄。

得分在3~5分之间：则往往表明你是个多侧面的人，也许可以算是一个较为圆滑的人。对待不同的人，你有不同的态度，而不同的人对你也有不同的评价。你讨厌某人或被某人所讨厌，但你却极喜欢另一个人或被另一个人所喜欢。你的朋友关系在某些方面是和谐的、良好的，某些方面却是紧张的、恶劣的。因此，你的情绪很不稳定，内心极不平衡，常常处于矛盾状态中。

得分在0~2分之间：表明你较尊重别人，敢于承担责任，对环境的适应性强。你常常以你的真诚、宽容、责任心强等个性来获得众人的好感与赞同。

计分表中Ⅳ横栏的小计分数，表示你跟异性朋友交往方面的困扰程度。

得分在5分以上：说明你在与异性交往的过程中存在着较为严重的困扰。也许你存在着过分思慕异性或者对异性持有偏见。这两种态度都有它的片面之处。也许是你不知道如何把握好与异性交往的分寸而陷入了困扰之中。

得分是3~4分：表明你与异性交往的行为困扰程度一般，有时你可能会觉得与异性交往似乎是一种负担，你不懂得如何与异性交往最适度。

得分是0~2分：表明你懂得如何正确处理与异性朋友之间的关系。对异性持公正的态度，能大方、自然地与他们交往，并且在与异性朋友交往中，得到了许多从同性朋友那里不能得到的东西，增加了对异性的了解，也丰富了自己的个性。你可能是一个较受欢迎的人，无论是同性朋友还是异性朋友，多数人都较喜欢你和赞赏你。

我工作、我快乐
——女性职业生涯规划

业精于勤，荒于嬉；行成于思，毁于随。

——韩愈

20世纪初,由于工业化进程的加快,社会分工日益精细,各种职业中等学校的入学人数剧增。如何帮助人们选择适合自己的职业,如何培养社会需要的合格人才,是一个急需解决的社会问题。

心理学对于职业生涯发展的研究源于20世纪初。1909年,弗兰克·帕森斯出版的《选择一个职业》一书,标志着心理学开始向职业指导领域进军,为此,后人称帕森斯为职业指导运动之父。

在20世纪最初的20年里,职业指导主要是社会工作者的事情,与心理学几乎没有关系。20世纪30年代以后,随着心理测验运动的发展,尤其是能力倾向、职业兴趣方面测验的增多,职业指导运动才越来越心理学化,越来越专业化。

职业是个人和社会存在与发展的基础。在人生的道路上,每个人都面临着谋求职业的问题,诸如"我想做什么""我能做什么""怎样才能达到我的终极目标"等等。市场经济中,社会竞争日趋激烈,"凡事预则立,不预则废",做好职业生涯规划可以帮助明确自己的目标以及达成目标的途径与方法。对青年女性而言,正处于职业生涯的准备阶段,也是求职择业的关键期。那么,你了解自己的兴趣爱好吗?

你清楚自己的专业特长和知识结构吗？你对将来从事的工作有所规划吗？如果你对这些问题答案还不够明晰，如果你还没有对未来作出规划，下面就让我帮助你了解职业生涯规划的基本流程、内容、实施策略与方法，帮助你分析女性就业过程中的心理问题，并教你学会调适自己的心理，学会制订职业生涯发展规划和选择自己最热爱的职业，促使你走向人生的成功。

职业生涯规划概述

职业是个体在社会分工中，利用自己的知识和技能，为社会创造物质和精神财富，同时获取合理报酬和精神满足的工作，是特征相同或相似的一类工作的统称，如教师、医生、律师等。人生中最宝贵的时光、最青春的年华通常是在职业和工作中度过的。不同的职业，有着不同的成长和发展路径，也决定着从业者的生活模式。职业对于人的一生有着重大意义，可以说，每个人的身上都会被打上深深的"职业"烙印。

一、职业的特性和职业生涯规划

1. 职业的特性

职业有以下 5 个特性：①社会性；②经济性；③技术性；④连续性；⑤发挥个性。

2. 职业生涯规划的含义

在当下这个人才竞争的时代，职业生涯规划开始成为在人才争夺战中的另一重要利器。作为当代女性，若是带着一脸茫然地踏入这个拥挤的社会，怎样才能满足社会的需要，使自己占有一席之地呢？职业生涯规划无疑是必不可少的工具。

3. 职业生涯规划的概念

职业生涯指一个人一生连续负担的工作职业和工作职务的发展道路。职业生涯规划指结合自身条件和外部环境，确立自己的职业目标、选择职业道路、制订发展计划和方案的过程。

了解自我是进行职业生涯规划的起点，包括职业规划在内的所有人生设计都必须以自我了解为起点。了解职业，现在这个社会正处于一个高速发展的信息化时代，每个个体都是在这个时代发展的浪潮中。对于个体来说，职业生涯规划的好坏必将影响整个生命历程。职业发展目标在整个人生目标体系中居于重要的位置，这个目标的实现与否，直接引起成就与挫折、愉快与不愉快的不同感受，影响着生命的质量。

二、女性职业生涯规划的重要性

（1）了解自己、开发潜能。美国心理学家约翰·华生说："给我一打健全的婴儿，让我在由我支配的特殊环境里培养他们成长，我保证他们中的任何一个都能训练成我所选择的任何一类专家：医生、律师、艺术家或者巨商，甚至乞丐和小偷。无论他的能力、嗜好、趋向、才能、职业和种族如何。"

（2）自我规划，实现人生理想。

（3）理智判断，做好职业选择，提升应对竞争的能力。

（4）职业生涯规划有利于女性建立科学的择业观、降低求职成本和加快求职速度。

三、女性职业生涯规划的类型

从时间的角度，职业生涯规划类型可以分为短期规划、中期规划、长期规划和人生规划4种。

1. 短期规划

短期规划一般指 1~2 年内的规划,确定近期目标,规划近期应该完成的任务。如规划要学习的专业知识和专业技能。短期规划要现实可行,要有激励作用。

2. 中期规划

中期规划一般涉及 2~5 年内的职业目标和任务,这是人们最常用的职业生涯规划。中期规划与长远目标一致,目标切合实际,有比较明确的时间表,并做适当的改动,如取得某文凭,在职业岗位上得到提升等。

3. 长期规划

长期规划即 5~10 年的规划,主要是设定较长远的目标,以及为实现此目标应该采取的具体措施。长期规划具有挑战性和明确的语言表述,符合自己的价值观和社会的发展趋势。如大学毕业时规划在 30 岁时成为一家中型公司的部门经理,40 岁时成为一家大型公司的副总经理等。

4. 人生规划

人生规划是整个职业生涯的规划,可长达 40 年左右,这种最长期的规划是要设定整个人生的发展目标和阶梯,如规划成为一个成功的金融专家等。

四、女性职业生涯规划的流程

要做好职业生涯规划就必须按照职业生涯设计的流程,认真做好每个环节。职业生涯规划的具体步骤概括起来主要有以下几个方面。

1. 自我评估

自我评估就是要全面了解自己。一个有效的职业生涯规划必须是在充分且正确认识自身条件与相关环境的基础上进行的。要审视自己,做好自我评估,包括自己的兴趣、特长、性格、学识、技能、智商、情商及思维方式等。即要弄清"我想干什么""我能干什么""我应该干什么""在众多的职业面前我会选择什么"等问题。

2. 确立目标

这是制订职业生涯规划的关键。

3. 环境评价

职业生涯规划还要充分认识与了解相关的环境,评估环境因素对自己职业生涯发展的影响,分析环境条件的特点、发展变化情况,把握环境因素的优势与限制。了解本专业、本行业的地位、形势以及发展趋势。

4. 职业定位

职业定位就是要为职业目标与自己的潜能以及主客观条件谋求最佳匹配。良好的职业定位是以自己的最佳才能、最优性格、最感兴趣、最有利的环境等信息为依据的。职业定位过程中要考虑性格与职业的匹配、兴趣与职业的匹配、特长与职业的匹配、专业与职业的匹配等。

5. 实施策略

就是要制订实现职业生涯目标的行动方案,要有具体的行为措施来保证。

6. 评估与反馈

整个职业生涯规划要在实施中去检验，看效果如何，及时诊断生涯规划各个环节出现的问题，找出相应对策，对规划进行调整与完善。

由此可以看出，整个规划流程中正确的自我评价是最为基础、最为核心的环节，这一环做不好或出现偏差，就会导致整个职业生涯规划的各个环节出现问题。

【心理词典】

布里丹毛驴效应

在决策过程中犹豫不定、迟疑不决的现象称之为"布里丹毛驴效应"。

法国哲学家布里丹养了一头小毛驴，每天向附近的农民买一堆草料来喂。

这天，送草的农民出于对哲学家的景仰，额外多送了一堆草料，放在旁边。这下子，毛驴站在两堆数量、质量和与它的距离完全相等的干草之间，可是为难坏了。它虽然享有充分的选择自由，但由于两堆干草价值相等，客观上无法分辨优劣，于是它左看看，右瞅瞅，始终也无法分清究竟选择哪一堆好。

于是，这头可怜的毛驴就这样站在原地，一会儿考虑数量，一会儿考虑质量，一会儿分析颜色，一会儿分析新鲜度，犹犹豫豫、来来回回，在无所适从中活活地饿死了。

在我们每一个人的生活中也经常面临着种种抉择。在如何选择人生的成败得失关系中，人们都希望得到最佳的抉择，常常在抉择之前反复权衡利弊，再三斟酌，甚至犹豫不决，举棋不定。但是，在很多情况下，机会稍纵即逝，并没有留下足够的时间让我们去反复思考，反而要求我们当机立断，迅速决策。如果我们犹豫不决，就会两手空空，一无所获。

影响女性职业生涯规划的心理因素

一、影响职业发展的心理因素

职业生涯规划发展与多种因素有关,其中有自身因素和条件的影响,也有外部客观因素和条件的影响。从职业心理的角度分析影响个人职业生涯发展的因素,可以分为心理动力因素、心理效能因素和心理风格因素3个方面。

1. 心理动力因素

心理动力因素一般包括兴趣和需要等。它们影响着职业活动的方向和力度,在个人职业生涯发展中非常重要。

(1)职业理想:职业理想是人们在职业上依据社会要求和个人条件,通过想象确立的奋斗目标,也就是个人渴望达到的职业境界。

(2)职业需要:追求需要的满足是行为的动力,是活力之源,职业需要是职业生涯规划的动力因素职业。

(3)职业兴趣:兴趣可以自我导向、自我激励,还可以自我发掘。

2. 心理效能因素

心理效能因素包括：①认知能力；②情感能力；③职业实践能力。

3. 心理风格因素

影响职业生涯发展规划的心理风格因素包括气质和性格等。气质和性格等心理特征共同作用，可反映个人职业活动不同于他人的行为方式，对职业发展产生着重要的影响。

二、职业动机与女性

职业动机指的是为了实现职业目标的内部动力。其本质是它的能动作用，在女性的职业选择定向中起着指导作用，在女性职业活动中起到发起、维持、推动作用，并强化女性在职业活动中的积极性和创造性。女性的职业动机可以分为以下4种类型。

1. 权力动机

权力动机是指试图影响他人和改变环境的驱动力。具有权力动机的人，希望制造对组织或团队的影响力，并且愿意为此承担风险和责任。一旦得到了这种权力，她们有可能会建设性或者破坏性地去使用它。

2. 成就动机

成就动机是指试图追求和达到目标的驱动力。一个拥有成就动机的女性希望能够达到目标，并且会向着成功的方向前进。成功对于女性的重要性在于其本身的原因，而不仅仅是随之而来的回报。

3. 亲和动机

亲和动机指争取在社会基础上与人交往的驱动力。成就取向型的女性会在领导对其工作行为提供详细的评价时更加努力地工作；而具有亲和动机的女性则会在她们因良好的态度和合作得到赞扬时更加努力工作。

4. 能力动机

能力动机指争取在某些方面有所专长，使个体能完成高质量工作的驱动力。具有能力动机的女性寻求工作熟练，以发展和运用他们解决问题的能力为荣耀，在工作中面临困难时努力创新。她们从过去的经验中受益，并且持续不断地提高个人能力。通常，她们能够高质量完成工作的原因，是她们能够因高质量地完成工作而感到内心满足，从注意到她们工作的人（如同事、领导）那里获得自尊。

三、职业兴趣与女性

约翰·霍兰德是美国约翰斯·霍普金斯大学的心理学教授，美国著名的职业指导专家。他于 1959 年提出了具有广泛社会影响的人业互择理论。这一理论首先根据劳动者的心理素质和择业倾向，将劳动者划分为 6 种基本类型，相应的职业也划分为 6 种类型，霍兰德职业兴趣理论，实质在于劳动者与职业的相互适应。霍兰德认为，同一类型的劳动者与职业互相结合，便是达到适应状态，劳动者找到适宜的职业岗位，其才能与积极性会得以很好发挥。

霍兰德职业测试量表将帮助人们发现和确定自己的职业兴趣

和能力特长，从而更好地做出求职择业的决策。如果您已经考虑好或选择好了自己的职业，霍兰德职业测试量表将使您这种考虑或选择具有理论基础，或向您展示其他合适的职业；如果您至今尚未确定职业方向，根据自己的情况选择一个恰当的职业目标。

1. 调研型

共同特点：思想家而非实干家，抽象思维能力强，求知欲强，肯动脑，善思考，不愿动手；喜欢独立的和富有创造性的工作；知识渊博，有学识才能，不善于领导他人；考虑问题理性，做事喜欢精确，喜欢逻辑分析和推理，不断探讨未知的领域。

典型职业：喜欢智力的、抽象的、分析的、独立的定向任务，要求具备智力或分析才能，并将其用于观察、估测、衡量、最终解决问题的工作，并具备相应的能力。如科学研究人员、教师、工程师、电脑编程人员、医生、系统分析员。

2. 艺术型

共同特点：有创造力，乐于创造新颖、与众不同的成果，渴望表现自己的个性，实现自身的价值；做事理想化，追求完美，不切实际；具有一定的艺术才能和个性；善于表达，怀旧，心绪较为复杂。

典型职业：喜欢的工作要求具备艺术修养、创造力、表达能力和直觉，并将其用于语言、行为、声音、颜色以及形式的思索和感受，具备相应的能力，但不善于事务性工作。如艺术方面的演员、导演、艺术设计师、雕刻家、建筑师、摄影师、广告制作人等，音乐方面的歌唱家、作曲家、乐队指挥，文学方面的小说家、诗人、剧作家等。

3. 社会型

共同特点：喜欢与人交往，不断结交新的朋友；擅长言谈，愿意教导别人；关心社会问题，渴望发挥自己的社会作用。寻求广泛的人际关系，比较看重社会义务和社会道德。

典型职业：喜欢要求与人打交道的工作，能够不断结交新的朋友，从事提供信息、启迪、帮助、培训、开发或治疗等事务，并具备相应能力。如教育工作者（教师、教育行政人员）及社会工作者（咨询人员、公关人员）。

4. 企业型

共同特点：追求权力、权威和物质财富，具有领导才能；喜欢竞争、敢冒风险、有野心、抱负；为人务实，习惯以利益得失、地位、金钱等来衡量做事的价值，做事有较强的目的性。

典型职业：喜欢要求具备经营、管理、劝服、监督和领导才能，以实现机构、政治、社会及经济目标的工作，并具备相应的能力。如项目经理、销售人员、营销管理人员、政府官员、企业领导、法官及律师。

5. 常规型

共同特点：尊重权威和规章制度，喜欢按计划办事，细心，有条理，习惯接受他人的指挥和领导，自己不谋求领导职务。喜欢关注实际和细节情况，通常较为谨慎和保守，缺乏创造性，不喜欢冒险和竞争，富有自我牺牲的精神。

典型职业：喜欢要求注意细节、精确度、有系统有条理，具有记录、归档，根据特定的要求或程序，组织数据和文字信息的职业，并具备相应能力。如秘书、办公室人员、记事员、会计、行政助理、图书馆管理员、出纳员、打字员及投资分析员。

6. 实际型

共同特点：愿意使用工具从事操作性工作，动手能力强，做事手脚灵活，动作协调；偏好于具体任务，不善言辞，做事保守，较为谦虚；缺乏社交能力，通常喜欢独立做事。

典型职业：喜欢使用工具、机器，需要基本操作技能的工作。对要求具备机械方面才能、体力，或从事与物件、机器、工具、运动器材、植物、动物相关的职业有兴趣，并具备相应能力。如技术性职业（如计算机硬件人员、摄影师、制图员、机械装配工）及技能性职业（如木匠、厨师、技工、修理工、农民、一般劳动）。

工作满意度与流动倾向性，都取决于个体的人格特点与职业环境的匹配程度。当一个人的人格和职业相匹配时，就会产生最高的满意度和最低的流动率。

上面所介绍的霍兰德人格类型与职业兴趣的对应关系并不是绝对的，仅仅是在总体上更适合，但具体到每个人时则不一定，因为每个人实际情况不同。人在进行职业选择时还要考虑许多因素。

女性职业生涯规划的方法

一、职业生涯设计的具体方法

许多职业咨询机构和心理学专家进行职业咨询和职业规划时常采用的一种方法就是有关 5 个 "W" 的思考模式。从问自己是谁开始,共有 5 个问题。

Who am I? 我是谁?

What I want? 我想干什么?

What can I do? 我能干什么?

What can support me? 环境支持或允许我干什么?

What I could be in the end? 我最终的职业目标是什么?

回答这 5 个问题,找到它们的最高共同点,找到自己的职业锚,也就有了自己的职业生涯规划。

第一个问题"我是谁",应该对自己进行一次反思,有一个比较清醒地认识,把自己的优点和缺点,都一一列出。

第二个问题"我想干什么",是对自己职业发展的一个心理趋向的检查。每个人在不同阶段的兴趣和目标并不完全一致,但随着年龄和经历的增长而逐渐固定,并最终锁定自己的终身理想。

第三个问题"我能干什么",是对自己能力与潜力的全面总结,一个人职业的定位最根本要归结于他的能力,而他职业发展空间的大小则取决于自己的潜力。

第四个问题"环境支持或允许我干什么",环境支持在客观方面包括本地的各种状态比如经济发展、人事政策、企业制度、职业空间等;人为主观方面包括同事关系、领导态度、亲戚关系等,两方面的因素应该综合起来看。有时在职业选择时常常忽视主观方面的东西,没有将一切有利于自己发展的因素调动起来,从而影响了自己的职业切入点。

明晰了前面 4 个问题,就会从各个问题中找到对实现有关职业目标有利和不利的条件,列出不利条件最少的、自己想做而且又能够做的职业目标,那么第五个问题有关"我最终的职业目标是什么"自然就有了一个清楚明了的框架。最后,将自我职业生涯计划列出,建立形成个人发展计划书档案,通过系统的学习、培训,实现就业理想目标,选择一个什么样的单位,预测自我在单位内的职务提升步骤,个人如何从低到高逐级而上。例如从技术员做起,在此基础上努力熟悉业务领域、提高能力,最终达到技术工程师的理想生涯目标;预测工作范围的变化情况,不同工作对自己的要求及应对措施;预测可能出现的竞争,如何相处与应对,分析自我提高的可靠途径;如果发展过程中出现偏差,如工作不适应或被解聘,如何改变职业方向。

二、根据个人需要和现实变化,不断调整职业发展目标与计划

根据职业方向选择一个对自己有利的职业和得以实现自我价值的单位,是每个女性的良好愿望,也是实现自我的基础。就人生第一个职业而言,它往往不仅是一份单纯的工作,更重要的是它会初步使你了解职业、认识社会,一定意义上它是你的职业启蒙老师。

三、如何落实规划

制订好一系列的职业发展规划后,如何将其最终落实,是每个规划制定者所必须考虑并面对的一个问题。建立有效的信息整理、分析和筛选系统,再结合自身竞争力合理规划职业生涯。

【心理词典】

职业锚

职业锚理论(又称职业定位理论),产生于在职业生涯规划领域具有"教父"级地位的美国麻省理工学院斯隆商学院、美国著名的职业指导专家埃德加·H·施恩教授领导的专门研究小组,是对该学院毕业生的职业生涯研究中演绎成的。

所谓职业锚,又称职业系留点。锚,是使船只停泊定位用的铁制器具。职业锚,实际就是人们选择和发展自己的职业时所围绕的中心,是指当一个人不得不做出选择时,他无论如何都不会放弃职业中的那种至关重要的东西或价值观。是自我意向的一个习得部分。职业锚强调个人能力、动机和价值观三方面的相互作用与整合,是个人同工作环境互动作用的产物,在实际工作中是不断调整的。

职业锚问卷是国外职业测评运用最广泛、最有效的工具之一。职业锚问卷是一种职业生涯规划咨询、自我了解的工具,能够协助组织或个人进行更理想的职业生涯发展规划。

【心理测试】

职业锚测试

测试说明:问卷共有40个问题,目的在于帮助你认识自己的职业定位。请根据你的实际情况,从"1~6"中选择一个数字,数字越大,表示这种描述越符合你的情况。例如,"我梦想成为公司的总裁",你可做出如下选择:选"1"代表这种描述完全不符合你的想法;选"2"或选"3"代表你偶尔(或者有时)这么想;选"4"或选"5"代表你经常(或者频繁)这么想;选"6"代表这种描述完全符合你的日常想法。

确定最符合你自身情况的选项:

1(从不)　　　2(偶尔)　　　3(有时)

4(经常)　　　5(频繁)　　　6(总是)

现在,开始回答问题。将最符合你的自身情况的答案记下来。

(1)我希望做擅长的工作,这样我的建议可以不断地被采纳。

(2)当我整合并管理其他人的工作时,我非常有成就感。

(3)我希望我的工作能让我用自己的方式,按自己的计划去开展。

(4)对我而言,安定与稳定比自由和自主更重要。

(5)我一直在寻找可以让我开创自己事业(公司)的创意。

(6)我认为只有对社会作出真正贡献的职业才算是成功的职业。

(7)在工作中,我希望去解决那些有挑战性的问题,并且获得成功。

(8)我宁愿离开公司,也不愿从事需要个人和家庭做出一定牺牲的工作。

(9)将我的技术和专业水平发展到一个更具有竞争力的层次是成功职业的必要条件。

(10)我希望能够管理一个大公司(组织),我的决策将会影响许多人。

（11）如果职业允许自由地决定自己的工作内容、计划、过程时，我会感到非常满意。

（12）如果工作的结果使我丧失了自己在组织中的安全感和稳定感，我宁愿离开这个工作岗位。

（13）对我而言，创办自己的公司比在其他的公司中争取一个高的管理位置更有意义。

（14）我的职业满足来自我可以用自己的才能去为他人提供服务。

（15）我认为职业的成就感来自克服自己面临的非常有挑战性的困难。

（16）我希望我的职业能够兼顾个人、家庭和工作的需要。

（17）对我而言，在我喜欢的专业领域内做资深专家比做总经理更具有吸引力。

（18）只有在我成为公司的总经理后，我才认为我的职业人生是成功的。

（19）成功的职业应该允许我有完全的自主与自由。

（20）我愿意在能给我安全感、稳定感的公司中工作。

（21）当通过自己的努力或想法完成工作时，我的工作成就感最强。

（22）对我而言，利用自己的才能使这个世界变得更适合生活或居住，比争取一个高的管理职位更重要。

（23）当我解决了看上去不可能解决的问题，或者在必输无疑的竞赛中胜出时，我会非常有成就感。

（24）我认为只有很好地平衡了个人、家庭、职业三者的关系，生活才能算是成功的。

（25）我宁愿离开公司，也不愿频繁接受那些不属于我专业领域的工作。

（26）对我而言，做一个全面管理者比在我喜欢的专业领域内做资深专家更有吸引力。

（27）对我而言，用我自己的方式不受约束地完成工作，比安全、稳定更加重要。

（28）只有当我的收入和工作有保障时，我才会对工作感到满意。

（29）在我的职业生涯中，如果我能成功地创造或实现完全属于自己的产品或点子，我会感到非常成功。

（30）我希望从事对人类和社会真正有贡献的工作。

（31）我希望工作中有很多机会，可以不断挑战我解决问题的能力（或竞争力）。

（32）能很好地平衡个人生活与工作，比达到一个管理职位更重要。

（33）如果在工作中能经常用到我特别的技巧和才能，我会感到特别满意。

（34）我宁愿离开公司，也不愿意接受让我离开全面管理的工作。

（35）我宁愿离开公司，也不愿意接受约束我自由和自主控制权的工作。

（36）我希望有一份让我有安全感和稳定感的工作。

（37）我梦想着创造属于自己的事业。

（38）如果工作限制了我为他人提供帮助和服务，我宁愿离开公司。

（39）去解决那些几乎无法解决的难题，比获得一个高的管理职位更有意义。

（40）我一直在寻找一份能将个人和家庭之间冲突最小化的工作。

计分方法：将每一题的分数填入下面的空白表格（计分表）中，然后按照"列"进行分数累加得到一个总分，将每列总分除以5得到每列的平均分，填入表格。注意，在计算平均分和总分前，将最符合你日常想法的3项，额外加上4分。

计分表

类型	TF	GM	AU	SE	EC	SV	CH	LS
加分项	1.	2.	3.	4.	5.	6.	7.	8.
	9.	10.	11.	12.	13.	14.	15.	16.
	17.	18.	19.	20.	21.	22.	23.	24.
	25.	26.	27.	28.	29.	30.	31.	32.
	33.	34.	35.	36.	37.	38.	39.	40.
总分								
平均分								

职业锚类型的说明：

TF 型：技术/职能型职业锚（technical/functional competence）

如果你的职业锚是技术/职能型，说明你始终不肯放弃的是在专业领域中展示自己的技能，并不断把自己的技术发展到更高层次的机会。你希望通过施展自己的技能以获取别人认可，并乐于接受来自专业领域的挑战，你可能愿意成为技术/职能领域的管理者，但管理本身不能给你带来乐趣，你极力避免全面管理的职位，因为这意味着你可能会脱离自己擅长的专业领域。

GM 型：管理型职业锚（general/managerial competence）

如果你的职业锚是管理型，说明你始终不肯放弃的是升迁到组织中更高的管理职位的机会，这样你能够整合其他人的工作，并对组织中某项工作的绩效承担责任。你希望为最终的结果承担责任，并把组织的成功看作是自己的工作。如果你目前在技术/职能部门工作，你会将此看成是自己积累经验的必需过程，但你的目标是尽快得到一个全面管理的职位，因为你对技术/职能部门的管理不感兴趣。

AU 型：自主/独立型职业锚（autonomy/independence）

如果你的职业锚是自主/独立型，说明你始终不肯放弃按照自己的方式工作和生活，你希望留在能够提供足够的灵活性，并由自己来决定何时及如何工作的组织中。如果你无法忍受公司任何程度上的约束，你就会去寻找一些有足够自由的职业，如教育、咨询等。你宁可放弃升职加薪的机会，也不愿意丧失自己的独立自主性。为了能有最大程度的自主和独立，你可能创立自己的公司，但你的创业动机是与后面叙述的创业家的动机是不同的。

SE 型：安全/稳定型职业锚（security/stability）

如果你的职业锚是安全/稳定型，说明你始终不肯放弃的是稳定的或终身雇佣的职位。你希望有成功的感觉，这样你才可以放松下来。你关注财务安全（如养老金和退休金方案）和就业安全。你对组织忠诚，对雇主言听计从，希望以此来换取被终身雇佣的承诺。虽然你可以到达更高的职位，但你对工作的内容和在组织内的等级地位并不关心。任何人（包括自主/独立型）都有安全和稳定的需要，在财务负担加重或面临退休时，这种需要会更加明显。安全/稳定型职业锚的人总是关注安全和稳定问题，并把自我认知建立在如何管理安全与稳定上。

EC 型：创造/创业型职业锚（creativity/entrepreneurial）

如果你的职业锚是创造/创业型，说明你始终不肯放弃凭借自己的能力和冒险愿望，扫除障碍，创立属于自己的公司或组织。你希望向世界证明你有能力创建一家企业，现在你可能在某一组织中为别人工作，但同时你会学习并评估未来的机会，一旦你认为时机成熟，就会尽快开始自己的创业历程。你希望自己的企业有非常高的现金收入，以证明你的能力。

SV 型：服务型职业锚（sense of service dedication to a cause）

如果你的职业锚是服务型，说明你始终不肯放弃做一些有价值的事情，如让世界更适合人类居住、解决环境问题、增进人与人之间的和谐、帮助他人、增强人们的安全感、用新产品治疗疾病等。你宁愿离开原来的组织，也不会放弃对这些工作机会的追求。同样，你也会拒绝任何使你离开这些工作的调动和升迁。

CH 型：挑战型职业锚（challenge）

如果你的职业锚是挑战型，说明你始终不肯放弃解决看上去无法解决的问题、战胜强硬的对手或克服面临的困难。对你而言，职业的意义在于允许你战胜不可能的事情。有的人在需要高智商的职业中面对这种纯粹的挑战，例如仅仅对高难度、不可能实现的设计感兴趣的工程师。有些人发现处理多层次的、复杂的情况是一种挑战，例如战略咨询师仅对面临破产、资源耗尽的客户感兴趣。还有一些人将人际竞争看成挑战，例如职业运动员，或将销售定义为非赢即输的销售人员。新奇、多变和困难是挑战的决定因素，如果一件事情非常容易，它马上会变得令人厌倦。

LS 型：生活型职业锚（lifestyle）

如果你的职业锚是生活型，说明你始终不肯放弃的是平衡并整合个人、家庭和职业的需要。你希望生活中的各个部分能够协调统一向前发展，因此你希望职业有足够的弹性允许你实现这种整合。你可能不得不放弃职业中的某些方面（例如晋升带来的跨地区调动，可能打乱你的生活）。你与众不同的地方在于过自己的生活，包括居住在什么地方、如何处理家庭事务及在某一组织内如何发挥自己。

爱你,也爱我自己
——女性的恋爱与性心理

我如果爱你——绝不像攀援的凌霄花,借你的高枝炫耀自己;我如果爱你——绝不学痴情的鸟儿,为绿荫重复单调的歌曲;也不止像泉源,常年送来清凉的慰藉;也不止像险峰,增加你的高度,衬托你的威仪。

甚至日光,甚至春雨。

不,这些都还不够!

我必须是你近旁的一株木棉,作为树的形象和你站在一起。

根,紧握在地下;叶,相触在云里。

每一阵风过,我们都互相致意,但没有人,听懂我们的言语。

你有你的铜枝铁干,像刀,像剑,也像戟;我有我红硕的花朵,像沉重的叹息,又像英勇的火炬。

我们分担寒潮、风雷、霹雳;我们共享雾霭、流岚、虹霓。

仿佛永远分离,却又终身相依。

这才是伟大的爱情,坚贞就在这里:爱——不仅爱你伟岸的身躯,也爱你坚持的位置,足下的土地。

——舒婷

爱情的解析

一、爱情的本质

"LOVE 是什么?"爱情使者丘比特这样问爱神阿佛洛狄忒,阿佛洛狄忒回答:"'L'是 listen(倾听),爱就是无条件、无偏见地倾听对方的需求,并且予以回应;'O'是 obligate(施以恩惠),爱需要不断感恩,付出更多的爱,灌溉爱的禾苗;'V'是 valued(尊重),爱就是展现你的尊重,表达体贴,真诚的鼓励和发自内心的赞美;'E'是 excuse(宽恕),爱就是仁慈的对待,宽恕对方的缺点和错误,接受对方的全部。"

爱情是人际吸引最强烈的形式,是心理成熟到一定程度的个体对异性个体产生有浪漫色彩的高级情感。爱情与以下因素有关。

1. 爱情的生物性

爱情是一件无法用言语解释清楚的事,为什么你和一个人会"一见钟情",和另一个人虽然相处很多年,也有很多机会,却一点心动的感觉都没有?这是"荷尔蒙"起作用,还是"心理效应"?

尽管有不少心理学家曾试图诠释它。在这一领域进行开创性工作的是英国伦敦大学学院心理系的泽米尔·泽基教授和来自瑞士的神经科学家安德烈亚斯·巴特尔斯。研究人员在向志愿者出示其爱人照片的同时，用"功能磁共振成像仪"对他们的大脑进行了扫描。扫描仪通过观察脑部血流量的变化，发现志愿者在看到其爱人的照片时，大脑中有4个特定区域呈现积极、活跃状态。其中两个区域位于大脑中相对比较高级的部分，一个是与大脑所有感觉区域都有联系的内侧脑岛，另一个是会对令人精神愉快的药物做出反应的前扣带的一部分。另外两个区域则位于相对较深、同时也比较原始的基底神经节区，这两个区域与发现对自己有益的某种经历有关，同时也有可能在人对某种事物上瘾的过程中发挥一定的作用。据此，研究人员诙谐地说："丘比特之箭并不是像传说的那样射中情侣们的心脏，它射中的是大脑中的4个特定区域。"

据美国精神学专家的研究发现，"爱情物质"有多巴胺、异丙肾上腺素、苯乙胺等。其中苯乙胺最为突出，它是神经系统中的兴奋物质，一旦遇到所爱慕的人时，体内此种特质就会起作用，一个动人的微笑呈现于脸上，一种眩晕感突如其来。正如意大利人文主义杰出作家乔万尼·薄伽丘所说："真正的爱情能鼓舞人，唤醒内心沉睡的力量和潜能。"苯乙胺的神奇作用，由此可见一斑。这也是建议失恋者吃巧克力的奥秘之处，因为巧克力富含苯乙胺，可以提高因失恋骤然降低的苯乙胺水平，从而改善苦闷抑郁的情绪。

爱情是人类男女间基于生命繁殖的本能和确保身心快慰而产生的互相倾慕和追求的生理的、心理的和社会的综合现象。正如保加利亚剧作家基里尔·瓦西列夫所说："爱情是一种复杂的、多方面的内容丰富的现象。爱情的根源在本能，在性欲，这种本能的欲望不仅把男女的肉体，而且把男女的心理引向一种特殊的、亲昵的、深刻的相互结合。爱情把人的自然本质和社会本质联结在一起，它是生物关系和社会关系、生理因素和心理因素的综合体，是物质和意识多面的、深刻的、有生命力的辩证体。"

2. 爱情的社会性

爱情是人类异性间的一种崇高情感，具有排他性、专一性，只存在于彼此相爱的男女之间。两性间的爱情，不仅由人的自然属性即生物属性所决定，而且还由人的社会属性即人们在社会中的活动、地位、需要、社会的伦理观念及价值观念等社会属性所决定。因此，爱情在爱的形式、内容、求爱方式等方面，具有一定的时代、民族、阶级及国家特点。

二、爱情的心理结构和特点

1. 斯滕伯格的"爱情三因素论"

美国著名心理学家罗伯特·斯滕伯格对人类的爱情进行分类，提出了"爱情三因素论"，认为爱情由动机、情绪和认知 3 种成分构成。他认为不论人类的爱情有多么纷繁复杂，但是它都是由 3 个相同的成分构成的。

（1）动机成分：人类爱情的产生必然有性驱力的因素，对人类来说爱情的产生并不完全是生理需求，除了性驱力，还有一些其他的因素，如受外表、情境等因素的诱发。

（2）情绪成分：两性在一起所感受到的各种情感体验，如相知的亲密感，冲突后的伤心、委屈等，凡是有过恋爱体验的人，都会知道恋爱中包含了酸、甜、苦、辣等情感体验。

（3）认知成分：从理智上对双方感情的认识，是爱情行为中的理智层面。如对感情的评价，对爱情行为的调控。它使爱情理性化，减小爱情的冲动性。

斯滕伯格认为，爱情千差万别的原因是上述三因素的组成成分各有不同。斯滕伯格进一步将发生在两性之间的爱情的动机、情绪、认知，分别称之为激情、亲密与承诺。它们与情感维持时间如图所示。爱情中，激情维持的时间相当短，而亲密和承诺的成分却是随着时间的推移不断上升。所以理想的爱情更应当是激情、亲密和承诺三者的结合统一体。这个境界就是斯滕伯格所称之为的"完爱"。因此，真正维系爱情和婚姻长久的不是激情，而是亲密与承诺的成分。

2. 爱情的表现形式

加拿大心理学家约翰·艾伦·李的研究发现，现代青年男女的爱情关系，不外乎以下6种形式。

（1）爱欲型：浪漫式爱情，"一见钟情"。将爱情理想化，强调形体美，追求肉体与心灵融合的境界。

（2）游戏型：爱情如游戏，"一场游戏，一场梦"。只求个人需要的满足，对其所爱者不肯负道义责任。持这种观念的人经常性地更换恋爱对象，周旋于多个情人之间。

【心理案例】

爱，来也匆匆，去也匆匆

案例描述：小华，来自南方某个城市，身高一米六八，面容姣好，身材标准。小华刚工作时候，就有同事追求她，只要有人追求她，她就去和别人约会，在公共场合和别人卿卿我我，根本不在意别人的看法。最近她换男朋友的速度越来越快，几乎不到三个月就换一个男朋友，同事在背后笑话她，说她是"换男友高手"，而她却毫不在乎。好友劝她不要这样做，可是她却说："人生苦短，要及时行乐。女生就是要有男生追，才能显示出魅力。人就是要在年轻的时候及时行乐，要不到老了，白发苍苍的时候，还能给自己留下什么美好的记忆呢？"

案例分析：小华同学谈恋爱的目的，只是为了填补心灵的空虚，把爱情当作游戏，殊不知把爱情当游戏的人，最终会被爱情游戏。爱情是一种复杂、圣洁、崇高的情感活动，它是相互倾慕、情投意合、由衷的热烈相爱之情，不能有半点勉强凑合。把爱情当成游戏的态度实际上是对自己情感不负责的态度。

建议：一个人在爱他人之前，要先学会爱自己，爱自己的重要表现就是自信，即对自己有信心，能欣赏自己，肯定自己，同时也不会以一次的失败来否定自己。小华说："女生就是要有男生追，才能显示出的魅力"的观点是错误的，也是极其不自信的。一个人的自信应该来自内心对自己的肯定，而不应该以男性追求自己数量的多少来判断。

（3）**痴迷型**：占有式爱情，对恋爱的对象赋予强烈的感情，同时也希望对方以同样方式来回报自己；对他所爱的对象表现出了极强的占有欲，只要对方对他稍有忽略，就会猜疑嫉妒。持这种观念的人，经常怀疑自己的爱人与他人在一起，进而神经紧张。

（4）**稳妥型**：伴侣式爱情，这种类型的爱情通常是在友谊中逐渐发展起来的，因此也被称为友谊式爱情。彼此淡淡相交，待人处事温文尔雅，是一种平淡而深厚的爱情关系。

（5）**现实型**：购物单式爱情，爱情就是为了满足彼此的现实需要，而将双方的感情基础放在次要位置，这种爱情是互利互惠的功利爱情。正所谓"男子娶妻，煮饭洗衣；女子嫁汉，穿衣吃饭"。

（6）**无私型**：奉献式爱情，其特征是对爱情持有一种不断付出而无须回报的态度,愿意为爱人付出一切。"只要你比我幸福"是这种人内心的真实写照。

3. 成熟爱情的特点

成熟的爱情通常具有 5 个方面的特征。

(1)给予:爱并不意味着丧失和牺牲,而是一种主动和积极的奉献。

(2)关心:爱是对对方生命和成长的积极关心。

(3)责任:爱是自觉自愿地对另一个人表达或未表达需要的反应。

(4)尊重:爱是按其本来面目去发现对方,认识其独特个性。

(5)了解:爱是一种主动的洞察力,它超越了对自己的关心,是对生命本质意义上的了解。

爱不是生活在自我的世界里,是倾听对方的声音,理解对方的感受并给予回应;爱不是得到而是给予,是感谢彼此的付出并给予表达;爱不是代替别人的生活,而是尊重彼此的需要并给予关怀;爱不仅是欣赏对方的优点,还要能够宽容对方的缺点并给予理解;爱是双方在爱中学习,在爱中成长。

女性恋爱心理

一、女性恋爱的特点

1. 注重恋爱过程，轻视恋爱结果

生活中流传着一句顺口溜"不求天长地久，只求曾经拥有。"就是这种恋爱特点的一部分写照。

2. 主观事业第一，客观爱情至上

绝大多数女性能够正确看待事业与爱情的关系。但也有许多女性一旦坠入情网就不能自拔，强烈的感情冲击一切，事业同样受到严重影响。有的女性整天沉浸在卿卿我我的甜言蜜语中；有的女性中午、晚上不休息，加班加点谈恋爱，致使工作时倦意甚浓，无精打采，一心一意谈恋爱，成为恋爱"专业户"。很多女性在不知不觉中变得"儿女情长，英雄气短"，成就事业的热情一天天冷却，爱情逐渐成为生活的唯一追求。可见，摆正事业与爱情的关系，是女性难以控制而又必须正确处理的问题。

3. 恋爱观念开放，传统道德淡化

随着时代的发展，当代女性的恋爱观念日益开放，传统道德逐渐淡化。中国传统文化及伦理道德观虽对女性影响较深，但随着

对外开放的范围不断扩大，国外的一些婚姻观、网络中泛滥的"一夜情"等观念逐渐影响到女性，使女性常常处于理智与感情矛盾的漩涡中，在理性认识上觉得应该保持贞操，应该遵守传统的伦理道德观，但在爱的激情下，又不愿再受传统观念的束缚，恋爱方式公开化，光明正大、洒脱热烈，不再搞"地下工作"，甚至一些女性在公共场所、大庭广众之下旁若无人，做出过分亲密的举动。

4. 失恋态度宽容，承受能力较弱

女性中"有情人"虽多，但"终成眷属"者少，这样就产生了一批失恋大军。感情挫折后出现一个时期的心理阴暗期是正常的，绝大多数女性通过"找朋友诉说"，或"理性思考"对自己和对方采取宽容的态度，尊重对方的选择。

但仍有一部分女性摆脱不了"情感危机"，有的失去信心，放弃对爱情的追求，有的一蹶不振，沉沦自弃，认为一切都失去了意义，以至于悲观厌世；有的视对方如仇人，肆意诽谤，甚至做出极端行为伤害对方。因失恋而失志、失德者，虽属少数，但影响很大。

二、女性恋爱的心理困扰

1. 单相思的困扰

单相思是指异性关系中的一方倾心于另一方，却得不到对方回报的单方面的"爱情"。爱情错觉则是指在异性间的接触往来关系中，一方错误地认为对方对自己"有意"，或者把双方正常的交往和友谊误认为是爱情的来临。爱情错觉是单相思的另一种形式，它常会使当事人想入非非，自作多情。

单相思与爱情错觉都是恋爱心理的一种认知和情感的失误。单相思使某些女性陷入痛苦的境地，处于空虚、烦恼，甚至绝望之

中。处理不好对以后的恋爱婚姻和生活都有消极的影响，因此，陷入单相思的女性要及早止步另做选择。要想克服单相思和爱情错觉，重要的是正确理解爱情的深刻含义，同时用理智驾驭情感，尊重对方的选择，不可感情用事。

2. 恋爱动机不端正

有些女性的恋爱动机不是出于爱情本身，而是为了弥补内心的空虚、孤独或"随大流"，这类女性很少把恋爱行为与婚姻结合起来考虑，缺乏责任感。还有极少数的女性为了显示自己的魅力，同时和几位异性交往、周旋，搞多角恋爱，甚至和谁都不确定恋爱关系。不道德的多角恋爱易引起纷争、不幸和灾难，也极易发生冲突，酿造悲剧，最终是对所有当事人都产生不良后果。还有相当一部分女性是在一种不成熟的状态下，凭着自己青春期的冲动而谈恋爱，把任何事物都看得很美好，但又缺少挫折锻炼，心理承受力太弱。

3. 恋爱中的感情纠葛

三角恋爱，甚至多角恋爱，父母的反对或周围人的非议，恋人之间的矛盾、误解和猜疑，再加上择偶标准不切实际，选择对象理想化、虚荣心强，导致女性在恋爱中很容易产生感情纠葛。

4. 失恋

恋爱并不都是清凉甘醇的美酒，有时难免失败。失恋是指恋爱过程的中断。失恋带来的悲伤、痛苦、绝望、忧郁、焦虑及虚无等情绪会使当事人受到伤害，是人生中最严重的心理挫折之一。失恋所引发的消极情绪若不及时化解，会导致身心疾病。

真正的爱情是有独立性的，女性恋爱，要把自己放在一个正确的位置，适当控制自己的情绪，即使恋爱失败，也只能说可能彼此不是最适合的，而且，还可以通过失败的恋爱吸取经验，从中学会怎样和异性交往。

失恋心理调节的方法有以下几种。

（1）认知调整法，合理评价：失恋者会受失落感、虚无感和羞耻感等情绪的困扰，甚至严重的心灵扭曲者会因为"我得不到的，你也别想得到"而"一刀杀之"，将罪过归之于情敌。这种情绪和行为都是因为失恋者的一些不合理的认知造成。灵魂的痛苦只能让理智来消除，重构理性的认知是走出失恋的第一步。

（2）行为转移法，冲淡痛苦：人失恋时，情绪低落，往往不爱活动，越不爱活动，情绪就越低落，形成恶性循环。可以有意识地安排一些活动，如学习、运动、看小说、旅游等。一方面，繁忙的日程安排，帮助你恢复体力，转移注意力；另一方面，在从事这些活动的同时，也许你会得到生活的启发，从而摆脱失恋的痛苦。弗里德里希·恩格斯曾有过一次失恋，当他心灰意冷时，便去阿尔卑斯山脉旅行。峻伟的山川、广阔的原野，使恩格斯大发感慨，世界如此之大，生活如此美好，自己的痛苦只不过是沧海一粟而已。

（3）宽容释怀法，获得重生：经过认知调整和行为转移法，一般人都能恢复情绪上的稳定，但要真正地解决失恋带来的负面影响，就需要有一颗宽容的心以及重新面对爱的勇气。只有渐渐地学会宽容、谅解、遗忘，并积极地重新寻找真爱，才不会使自己生活在过去的阴影中。相信自己还有爱的能力，当你再次坠入爱河时，蓦然回首，才发现"塞翁失马，焉知非福"。

5. 沉迷网络爱情

心理学家指出，女性网恋一般很容易上瘾，而一旦上瘾就会沉溺于网络不能自拔,把网上爱情视为生活的唯一追求。网恋不仅严重影响工作,而且容易使她们减少与现实中的朋友、同事之间的交流,不愿意参加集体活动,性格变得孤僻,甚至造成人格分裂。不得不到精神卫生中心求助,问题严重的甚至出现精神崩溃。网恋的欺骗性对一些女性更是一个沉重打击,一些受到如此打击的女性,由于得不到及时的引导,甚至断送了一生的前程。

因此,建议青年女性一定要认清网络聊天的虚拟性,对网络对象不要抱有幻想,在你们没有见面之前,无论他在网络中对你有多好,事实上他爱上的只是网络中的你,而不是现实生活中的你。而网络中你的形象,是带有他很强幻想成分在里面的。因此,当你们见面的时候,他不喜欢你,也很正常,你不必伤心。有人形容网恋是一个美丽的梦,既然是梦,梦醒了,该干什么就去干什么吧。

培养健康的恋爱心理

爱需要两个人真正地关心对方,走进对方的内心世界,以对方的快乐为自己的快乐。要保持爱情的常新,需要智慧、耐力、持之以恒及付出心血,同时又有自己的个性,有自己的追求与发展。学习新的东西,善于交流,欣赏对方,是爱的重要源泉。

一、拥有爱的能力

1. 要得到他的爱,先要学会自爱

一个连自己都不爱的人,难道还期待别人来爱你?学会爱的第一步就是学会自爱。自爱是对自己由衷的喜爱、关怀和尊重,绝不是自我中心,顾影自怜,更不是狂妄自大。一个懂得自爱的人能够正确地认识自己,欣赏自己,并能够不断地探索真实的自己,完善自己。自爱的人能够认识自己的独特,"我是独一无二的,不会埋怨自己长得不漂亮,不潇洒,智力低,能力差,见识短"。自爱的人不会为他人迷失自己,成为他人的附庸。坠入爱河的年轻人常常喜欢对爱人说"你是我的唯一""为了你,我什么都愿意",其实这犯了恋爱中的大忌。

2. 珍爱他人

一个自爱的人,一定会得到他人的爱。爱需要推己及人,欣赏

自己的同时，也要学会欣赏他人；关心自己，也要懂得关心他人。因此，在恋爱时切忌抱有要"改造对方"的想法，这不仅是徒劳，而且你必定以失败告终，赔了自己的感情。一定要放弃"永远控制对方""占有""支配""拥有主动权"的想法，因为相爱的人是平等的；更要抛弃"对方在我的面前是透明的""我们之间没有秘密"的想法，健全的爱侣关系的前提是相互尊重，不要追问爱人难以启齿的小隐秘，乃是爱情中的自尊和教养。当你付出爱的承诺时，你也应该担负爱的责任。

二、学会相处之道

1. 强化爱人身上的积极特征

在恋爱的初始阶段，恋爱双方容易做到向对方传递更多积极的情感，而不是消极的情感。但是，随着关系的继续，初始的热情逐渐消退，于是一种共同的归因习惯就起作用了。所谓行动者-观察者效应，是指个体容易将自己的行为归因于情境因素，而将对方的行为归因于个人因素。由于个体面对应当负责的问题而不愿担起责任，或者长期责怪对方，这种倾向就可能形成破坏性的习惯。有研究表明，快要结婚的伴侣，比起对陌生人，关系双方一般会对自己的伴侣做更多消极的陈述。而且，当一方实施这种行为时，另一方通常会以同样的方式做出回应，致使相互否定的行为被激发起来。因此，强调伴侣身上的积极特质，不失为一种可行的策略。

2. 发展有效的控制冲突的技能

亲密关系中不可避免地会发生冲突，学会正确地处理冲突是获得人生幸福的必要前提。我们每个人都会有自己的思想及行为方式，在有些问题的看法、处理上不可能完全一致，在亲密关系中也一样。许多时候人与人之间造成更大伤害的，往往是有着某种亲密关系——恋人之间、夫妻之间、父母与子女之间等；一般的朋友之间则可以控制交往的"距离"，感觉不好相处时，可以减少相处。

有些家庭的亲人之间，习惯用辱骂甚至动手的办法解决争执；有些家庭则采取文明的、主要是协商的方式解决冲突，而不必借助于粗暴的方法。恋人们解决冲突的方法往往与其原生家庭直接相关，抑与他/她的父母之间如何处理冲突的方式有关，他/她的父母之间更习惯于采取粗暴的手段解决冲突，他/她日后往往也"喜欢"用粗暴的方式解决冲突；反之亦然，如果他/她的父母之间习惯于用文明、理性的方式解决冲突，他/她往往也更"喜欢"采取这样的方式。因为长期受到自己父母"熏陶"，孩子已经把父母之间相处的方式"内化"了。这并不是绝对的，否则我们的人生便不可能有所"超越"，我们将永远活在前人的"阴影"里。只是其中的关联性很大，人们要超越自我不是不可能，但做起来真的很难，恋爱中的人们不得不面对这个现实。

恋爱中的人们往往展现的是自己相对"美好"的一面，如果在恋爱的时候，当与他/她发生冲突时就看出了他/她粗暴的"苗头"，建议双方能理智对待，明确表态制止，表明绝对不可容忍。希望恋人们能够真正地远离"粗暴"，包括语言暴力（如辱骂、侮辱等）和身体暴力（如殴打等）。恋人们若容忍对方的粗暴，自己将来的婚姻可能更容易远离幸福。

3. 了解男女恋爱心理的差异

男女青年不仅在生理上有相异之处，在心理上也不尽相同。如果你了解了两性在恋爱心理上的差异之后，可以在谈情说爱中减少很多麻烦。

4. 举案齐眉、尊重对方

无论多么亲密的爱情关系，对方都不是我们本身，彼此间仍然要适度遵循人际交往的原则。不要因为关系亲密就可以不尊重对方。任何时候都要保持对爱人的足够尊重，给予信任、宽容和理解，不要蛮横无理，以自我为中心，以为对方是自己的私有财产。

三、发展健康的恋爱行为

女性在具体的恋爱过程中，应该注意以下几个方面。

1. 恋爱言谈要文雅，讲究语言美

交谈中要诚恳坦率自然，不要为了显示自己而装腔作势，矫揉造作；不能出言不逊，污言秽语，举止粗鲁；相互了解，不要无休止地盘问对方，使对方自尊心受损。否则只会使之厌恶，伤害感情。

2. 恋爱行为要大方

一般来说，男女双方初次恋爱，在开始时常感到羞涩与紧张，随着交往的增加会逐渐自然与大方。这个时期要注意行为举止的检点。有的人感情冲动，过早地做出亲昵动作，使对方反感，影响感情的正常发展。

3. 善于控制感情，理智行事

恋爱中引起的性冲动，一方面要注意克制和调节，另一方面要注意转移和升华，参加各种文娱活动，与恋人多谈学习和工作，把恋爱行为限制在社会规范内，不可越轨，要使爱情沿着健康的道路发展。

4. 培养爱的能力与责任

（1）施与和接受爱的能力：一个人心中有了爱，在理智分析之后，要敢于表达、善于表达，这是一种爱的能力。一个人面对别人的施爱，能及时准确地对爱做出判断，并做出接受、谢绝或再观察的选择，这也是一种爱的能力。缺乏这种能力的人，或是匆忙行事，或是无从把握。当别人向你表达爱时，能及时准确地对爱的信息做出判断，坦然地做出选择。这样才能把握爱情的主动权。

（2）拒绝爱的能力：自己不愿或不值得接受的爱应有勇气加以拒绝。拒绝爱要注意两个方面，一是在并不希望得到的爱情到来时，要果断、勇敢地说"不"，因为爱情来不得半点勉强和将就。如果优柔寡断或屈服于对方的穷追不舍，发展下去对双方都是不利的。二是要掌握恰当的拒绝方式，虽然每个人都有拒绝爱的权力，但是，珍重每一份真挚的感情是对他人的尊重，同时也是一种自珍，更是对一个人道德情操的检验。不顾情面，处理方法简单轻率，甚至恶语相加，使对方的感情和自尊心受到伤害，这些做法是很不妥当的。

（3）发展爱的能力：发展爱的能力，并不是非要具体到对某一异性的爱，可以是更广泛意义上的爱。发展爱的能力包括付出的能力、理解的能力、宽容的能力和自我承担的能力。发展爱的能力，还要培养无私的品格和奉献精神，要培养善于处理矛盾的能力，有效地化解消除恋爱和家庭生活中的矛盾纠纷，为恋人负责，为社会负责，才能创造出幸福美满的婚恋。

（4）提高恋爱挫折承受能力：女性的恋爱受多种因素的制约，因而在追求爱情的过程中遇到各种波折是在所难免的。如果承受能力较强，就能较好地应付挫折，否则就有可能造成不良后果。因此,提高恋爱挫折承受能力对女性的心理健康是非常重要的。

人对失恋的应对方式反映了一个人心理成熟水平和恋爱观。一个人能够理智地从失恋中解脱出来,往往会使自己变得成熟起来。

四、女性恋爱中的心理调适

1. 不要过分压抑自己的情感

随着青年生理和心理的发育成熟,爱情会自然而然地降临,青年人既不可强调爱情至上,为了爱情什么都不顾,也不必过分压抑自己的情感,强迫自己疏远爱情。

2. 调节恋爱中的情绪反应

恋爱会造成情绪的变化,如激动不安、忧虑紧张、焦急思念、悔恨痛苦、幸福陶醉等,这些正常的心理反应若是过于强烈和持久则不利于身心健康,甚至导致身心疾病。所以不能被爱情弄得神魂颠倒、坐立不安、茶饭不思、夜不成眠、精神恍惚,以免"乐极生悲"。

3. 感情流露要自然而大方

恋爱是两性间的感情交流,随着双方日益加深了解,心理相容程度提高,感情更加炽热,一些恋人特有的亲昵行为会使双方更亲热,更增加恋爱的愉悦感和幸福感。但若是双方情感尚未成熟而过早地采取亲昵行为,反而对感情发展不利。

4. 要理解和尊重对方的意愿

单相思者不必苦苦追求,死缠硬磨,这会给对方造成不愉快的情感刺激，也使自己心理上产生极大的挫败感。拒绝单恋者时态度要明朗，不能模棱两可，也不能粗暴无礼地拒绝对方，避免恶性心理刺激伤害对方自尊心，使其产生破灭、绝望的情感和报复心理而导致不幸后果。

5. 抑制性欲冲动的干扰

爱情与性爱不可分离，爱是性心理发展的必然结果，但这并不是说爱情等于性欲和性诱惑。对恋爱时出现性冲动，需要加强道德修养，培养高尚的情操和自制力，通过各种方式使其得到减轻或升华。婚前性关系对于恋爱和婚后心理生活都有许多消极的影响，因此要正确对待恋爱中的性冲动，更需注意自我保护。

_# 积极面对女性的心理疾病
——女性的心理问题及心理危机干预

一切顽固沉重的忧郁和焦虑，足以给各种疾病打开方便之门。

——伊万·彼得罗维奇·巴甫洛夫

20世纪90年代末，WHO专家指出，从现在到21世纪中叶，没有任何一种灾难能像心理危机那样给人们带来持续而深刻的痛苦。如今，人类社会已从"传染疾病时代""躯体疾病时代"步入"精神疾病时代"。近年来，女性心理危机现象日益增多，由女性心理危机而引发的恶性事件呈上升的趋势。什么是心理危机？女性常见的心理危机有哪些？如何对危机进行干预？女性有哪些心理疾病？如何预防？如何对自杀进行干预？本章将针对这些问题进行讨论。

近年来，女性因心理疾病、精神障碍等原因不惜伤害自己和他人的案例时有发生，且有上升的趋势。因此，怎样做好女性心理危机干预工作是当前的一项重要任务。

心理危机概述

心理危机本质上是伴随着危机事件的发生而出现的一种心理失衡状态。依照美国心理学家威廉·詹姆斯的观点,"危机"包含5个层次的意义:①危机就是个人无法运用惯常的方法去克服的障碍,因而会导致个人的混乱和沮丧;②危机会对个体的人生目标产生危害,同时个人也无法通过独立的抉择或行动加以有效地解决;③危机之所以称为危机,是因为个人知道在此情境中难以做出正确的反应;④危机是个人的困难与困境,因而使个人难以掌握自己的生命或生活;⑤危机是个人遭遇挫折所产生的价值观解组或人生剧变所形成的高度压力。

根据以上观点,我们将危机定义为,危机是当事人认为某一事件或境遇是个人资源和应对机能所无法解决的困难,从而导致个体情感、认知和行为方面的功能失调。

一般而言,危机由负性生活事件引起。但是,并不是由负性生活事件所引起的所有心理改变都是危机,只有人们感觉到心理压力超过了其可应对的范围而导致的心理失衡状态,才称之为危机。整个心理危机活动期持续的时间因人而异,短者仅24～36小时,最长者4～6周。在危急状态下,个体会出现一系列的负性的生理、情绪、认知及行为反应,如果危机反应长时间得不到缓解,便会引发心理疾患和过激行为。

【心理案例】

癔症

一名24岁的女生多次在单位晕倒,到医院检查却未发现任何病变,也无电解质的改变(排除低钾血症)。通过了解发现,她从小就是一个非常听话的孩子,心肠软,待人细心、体贴。在中学阶段有个同桌好友,那个女孩子有低钾血症,偶尔会在教室晕倒,她总是陪着好友到医院检查。几次以后,她遇到稍微紧张刺激的场合也会晕倒。工作时,该女生听见周围的人大声说话就会晕倒。因为已经排除了生理问题,加上该女生受暗示性非常强,故诊断为癔症。

女性常见心理危机

女性心理危机主要是指女性个体遇到个人重大事件时，无法自我控制、自我调节而出现的情绪与行为的严重失衡状态。包括个人的严重心理障碍、精神病性障碍、家庭变故、同学或朋友出现重大事故等引起的个人严重失衡状态。

一、女性心理危机的类型

女性作为一个特殊的群体，在其发展过程中面临着许多特定的心理危机。一般认为，学习、就业、人际关系、恋爱、前途、经济、离异及丧偶是心理危机出现频率较高的方面。归纳起来可分为四类。

1. 成长性危机

指在个人生命发展阶段可能出现的危机。女性在正常成长和发展过程中，面对急剧的变化或转变，可能会导致一些异常反应。如青春期性行为的问题，升学、转学、离开父母亲人、结婚、生子等都有可能引发成长性危机。成长性心理危机有 3 个特点：①心理危机持续的时间比较短暂，但变化急剧；②女性在成长性心理危机期间容易出现一些消极现象，如厌学、冲突及情绪冲动等；③成长性心理危机如果能顺利度过，将会促进女性心理发展，使其获得更大的独立性，走向成熟。

2. 境遇性危机

境遇性危机是指由外部环境造成的、突如其来的、无法预料的和难以控制的心理危机。其中主要包括两个方面，一是重大生活事件打击后的应激障碍，如同学好友的死亡、父母离婚、父母失业、与同事或领导冲突、离异或丧偶等；二是受伤后的应激障碍，如遭遇意外交通事故、遭到暴力侵犯、突发的重大疾病等。境遇性危机的显著特点在于它是随机的，会突然产生强烈意外震撼。

3. 情感性危机

情感性危机是指一个人在感情中遭到突然的打击，使他无法控制和驱使自己的感情，从而严重地干扰他的正常思维和对事物的判断处理能力，甚至使工作学习无法进行。在极度的悲痛、恐惧、紧张、抑郁、焦虑及烦躁下，极易产生自杀的念头和做出莽撞的事来，导致精神崩溃。

4. 存在性危机

存在性危机是指伴随着重要的人生问题，如关于人生目的、责任、独立性、自由和承诺等出现的内部冲突和焦虑。可以是基于现实的，也可以是基于深层次的关于人生意义的追问与思考，往往不具有突发性，是潜藏于心伴随个体终身的课题。存在性心理危机的成功解决对女性的人生观、价值观和世界观的正确树立有着重大的影响。

二、心理危机的表现

在危急状态下个体会产生一系列的情绪、认知、生理和心理行为反应，这些反应是相互作用、相互影响、互为因果的。因此，一种反应的加剧，必将导致整个系统的恶性循环。

1. 生理表现

陷入心理危机的女性，生理反应主要表现为身体免疫力下降、胸闷、头晕、失眠、噩梦、食欲缺乏及胃部不适等。生理反应如不能得到及时有效的干预，将会影响女性心理健康，导致身体素质下降，产生各种疾病，严重者甚至可以导致死亡。

2. 情绪表现

陷入心理危机的女性，其情绪反应一般表现为害怕、焦虑、恐惧、忧郁、愤怒、沮丧、紧张、绝望及烦躁等。如生活中常常心不在焉、无精打采，交往上冷淡孤僻，生活上闷闷不乐，整日垂头丧气等。不良情绪过强或持续存在，女性的社会功能将受到损害，导致心理素质下降，易产生各种心理问题，严重时可能出现精神疾病。

3. 认知表现

在危机中，在强烈的情绪状态下，一个人的认知反应会发生两极变化。有的个体会积极思维，调整自己的认知，运用理性情绪调节自我，寻找积极的情绪，达到自我成长。有的个体会关注于负性情绪，以至于思维狭窄导致管状思维，也就是我们常说的"钻牛角尖"。如果个体的认知功能遭到严重的损害，常会出现注意力不集中、记忆力减退、思维反应迟钝等现象。此外，认知和情绪之间存在着相互影响的关系。合理的认知会引起适当的反应，而不合理的认知会导致不适当的情绪和行为反应。有时负性情绪反应同认知功能障碍间形成恶性循环从而使人陷入难以自拔的困境。这些消极情绪也会同当事人消极的自我评价互为因果，或形成恶性循环。此时，一个人会觉得活着没有价值或意义，丧失了活动的能力和兴趣,甚至自恨、自责和自杀。

4. 具体行为表现

心理危机中的行为反应表现为不能完成本职工作,不能专心工作和学习;呈现社交退缩,与人隔绝,回避人或采取不寻常的方式使自己不孤单,变得令人生厌;与社会关系破裂,当事人感到与人脱离或相距甚远,可能发生对自己和对周围的破坏行为并以此作为解决问题的最后努力;拒绝他人帮忙,认为接受支持是自己软弱无力的表现,行为和思维、情感不一致,产生物质依赖、吸烟酗酒、沉溺游戏及沉迷网络等。

女性常见心理危机干预

一、女性心理危机干预的内涵

危机干预,又称危机介入、危机管理或危机调解。指为处在危机事件中并产生心理失衡状态的当事人或人群(以及与他们密切相关的人群)提供及时的、专业的心理援助。

女性心理危机干预是指对面临心理危机的女性采取迅速而有效的应对措施,给予支持与帮助,使之逐渐恢复心理平衡。

危机干预的目标可以分为以下3个层次。

1. 最低目标

使处于危机中的个体重新获得心理控制,避免自伤或伤人。

2. 中级目标

让受助者恢复心理平衡,恢复到危机发生前的功能水平。

3. 最高目标

使受助者达到高于危机前的功能水平,促进人格成长。

二、女性心理危机干预的主要措施

1. 及时给予心理上支持

在了解危机真相的基础上，及时判断当事人的处境、情绪状态及其所作出的反应，及时肯定其合理的决定，相信她们有能力应对危机，鼓励他们采取有效的措施应对所面临的问题。对她们在危急状态中所表现的不合理的情绪和行为则不予强化，但也不指责、抱怨和批评。

2. 及时给她们提供宣泄情绪的机会，促进情感的表达

处于危机中的个体往往有强烈的情绪反应，如果不能得到及时宣泄，不仅会使个体一直处于紧张状态，而且对有效应对危机也很不利。危机干预者应倾听求助者诉说自己的心绪，鼓励其谈自己的感受，协助她们宣泄负性的情绪，如愤怒、恐惧、仇恨及沮丧等。

3. 给予爱、希望和传递乐观精神

及时向处于危机中的她们传达积极的信息，可以有效地缓解她们对自己的疑虑。个体面临危机时的普遍反应就是失望和对自己能力的怀疑，这时需要帮助其客观分析他们的处境、所拥有的应对资源，激发她们的动力，并鼓励他们采取积极的行动，对未来持乐观的态度。

4. 倾听、接受、理解和尊重

在危机干预过程中必须始终采取接受、理解、关心和尊重的态度，客观地讨论任何问题，不指责，自始至终倾听求助者的倾诉，保

持高度关注和积极参与。危机干预者设身处地理解、接受和尊重会极大地促进当事人的积极行为。

5. 做出及时的反应

危机干预者在全面了解危机发生经过的基础上,对求助者所诉说的有意义的情况应及时做出反应,对无关情况则应淡然处之。危机干预者的及时反应对求助者具有积极的安慰和镇静作用,当事人从中可以感受到工作人员的关注和投入,从而增强对工作人员的信任和战胜困难的信心。

6. 劝告和直接提出建议

危机干预者应随机应变,根据当事人的具体情况提出具体的、可行的建议。

女性常见心理疾病及预防

WHO相关心理调查结果表明,女性异常心理发生率高于男性。在美国,患功能性精神病、神经病、心身失调症、暂时性精神失调和失恋后抑郁症等疾病的比例,女性均高于男性。在我国,有关研究结果也表明,女性的心理问题发生率高于男性。

国内外研究均显示女性患心理障碍的风险较男性更大,究其原因,与两性生物学方面的差异、女性承受社会和心理痛苦的脆弱性、对应激性事件的应对方式,寻求帮助的行为的差异均有关系,另外,两性担任的社会角色不同也影响了男性、女性在心理疾病罹患率上的差异。心理学家认为,在社会生活中,男性角色的社会价值易得到社会的承认;而女性角色,主要指家庭妇女角色的社会价值不易被社会重视,更难得到社会的赞赏。而且,男性所承担的各种角色之间的冲突比女性少,男性事业失意可从家庭生活中寻求安慰与补偿,家庭生活不如意可从事业上得到寄托。而随着社会的进步,当今社会女性步入职场,实现经济独立,社会对女性的要求变成双重标准,一方面希望女性在职场上有所发挥;另一方面,人们不能摆脱传统观念的影响,仍期望女性在家庭方面能胜任贤妻良母角色。最后,较低的教育水平、低经济收入、家庭或婚姻冲突及社会性别歧视等社会因素的影响,会使女性承受较之男性更大的压力,以致女性易患心理疾病。

心理障碍有时也称为心理失调、心理异常、心理疾病及心理变态,指某种具有临床诊断意义的行为、心理症状或模式,它必须表现为出现时的痛苦(如令人痛苦的症状)或某种能力丧失(如一种或多种重要功能的损伤),或者有明显增加的可能导致死亡、痛苦、能力缺损以及严重丧失自由的危险性。常见心理障碍包括许多,女性作为普通人,符合大众群体心理健康的特征。与此同时,女性作为特殊的群体,罹患相关心理障碍又具有该群体的特征。轻度的心理障碍,我们通常称为心理异常,严重的心理障碍,则称之为心理疾病。下面介绍一些女性常见的心理疾病及其防治措施。

一、神经病

神经病旧称神经官能症,是指一组非器质性的神经机能失调的精神疾病。常见的有神经衰弱、焦虑症、强迫症、恐怖症、癔症等。神经病患者有许多典型的或共同的表现,主要为情绪障碍,如情绪波动大、易烦恼、焦虑、易激惹。患者自觉处于一种自相矛盾的心理状态却又难以自拔,努力想摆脱痛苦的体验,但又觉得无能为力,并为此感到苦恼;身体不适感,总感觉身体不舒服,失眠,头晕头痛,消化道症状,但无相应的器质性病变;自知力良好,对自己的病态表现有充分的自知力,故能主动就医;精神活动能力降低,如注意力不集中,记忆力减退,学习效率降低等,常对个人的学习、生活产生不良影响,但对社会适应能力(如学习、生活能力)及人际交往能力没有重大损害,能参加正常的社会生活,完成学习任务;症状持续性,症状至少持续3个月。

神经症的发病率为2.2%~8.0%,其中女性的发病率比男性高5~8倍,以中年女性的发病率最高。女性出现神经症症状较男性多,除受女性生理功能、生殖功能和内分泌影响外,也与社会、心理因素有关。女性在社会中往往处于弱势,在社会竞争日益激烈的今天,女性朋友们会面临更大的压力和挑战。工作与家庭的关系,需要她们去权衡;爱情与亲情,也需要她们付出更多的精力去呵护。一旦这些复杂的关系网出现冲突，就会带来巨大的压力，这些压力可能诱发神经症。另外，女性的心理活动比较丰富和细腻，往往会从心理认知上对一些无关紧要的情绪做一些评判，因此加大了她们身体的负荷。长此以往，就会衍生出许多心理上的疾病。常见的神经症有以下几种。

1. 神经衰弱

神经衰弱是一类以精神容易兴奋和脑力容易疲劳，伴有睡眠障碍和各种身体不适感为主要临床症状的神经症性障碍。

【心理案例】

小美的症状

案例描述：小美，25岁，从高中就开始患有精神衰弱，时好时坏。对工作感到格外吃力，工作的过程中也很容易疲劳。容易头晕、分心、眼花及嗜睡。工作中遇到一些很小的事情，也要分散很大的精力，注意力集中在她看来已经成为十分困难的事情。记忆力大不如前，也经常感到乏累，整天觉得困倦，做什么事情都是有心无力。但是一到晚上，躺在床上，头脑就异常活跃，越睡越清醒，自己控制不了，很痛苦。有时候直到凌晨5点才睡着，但是早上六点就醒了，而且伴随着梦多。睡醒以后，常常疲惫不堪。尽管想了许多助眠的方法，但均无济于事。同时还伴有头痛、心情沉重等症状。

案例分析：根据小美的症状，医生判断她患上了神经衰弱。主要表现在精神萎靡、情感反应强烈但不持久、睡眠障碍、易兴奋与易疲劳等症状。

建议：心理治疗，必要时可进行药物治疗，并需合理安排生活。注意劳逸结合，有效进行休息和娱乐，适当参加体育锻炼，培养良好的生活习惯和规律。

神经衰弱指一种以脑和躯体功能衰弱为主的神经症，以精神易兴奋却又易疲劳为特征，表现为紧张、烦恼、易激惹等情感症状，及肌肉紧张性疼痛和睡眠障碍等生理功能紊乱症状。这些症状不是继发于躯体或脑的疾病，也不是其他任何精神障碍的一部分，多缓慢起病，就诊时往往已有数月的病程，并可追溯导致长期精神紧张、疲劳的应激因素。

长期的心理冲突和精神创伤引起的负性情感体验是本病另一种较多见的原因。学习和工作不适应，家庭纠纷，婚姻、恋爱问题处理不当，以及人际关系紧张，大多在患者思想上引起矛盾和内心冲突，成为长期痛苦的根源。又如亲人突然死亡、家庭重大不幸、生活受到挫折等，也会引起悲伤、痛苦等负性情感体验，导致神经衰弱的产生。

在正常人群中，遭受意外事故打击的人有很多，但人们并没有普遍地产生神经衰弱。因此，精神因素并不是引起神经衰弱的唯一因素。因为这些因素能否引起强烈而持久的情感体验，进而导致发病，在很大程度上与个体素质，包括遗传因素，后天形成的个性心理特征和生理特征，以及受世界观支配的认识事物的态度等有关。临床上所见到的多数神经衰弱者的个性具有下面某些特点，可能偏于胆怯、自卑、敏感、多疑、依赖性强及缺乏自信心；或偏于主观、任性、急躁、好强及自制力差。一个具有明显易感素质的人，尽管是来自外界一般的别人也可遇到的精神因素刺激，也可诱发神经衰弱。从以上内容可以看出，精神创伤、易感素质是神经衰弱发病的决定因素；有时暗示和自我暗示也起一定的作用；至于躯体疾病，则为一种发病的附加因素或诱因。

生活忙乱无序，作息不规律和睡眠习惯破坏，以及缺乏充分的休息，使紧张和疲劳得不到恢复，也为神经衰弱的易发因素。此外，感染、中毒、营养不良、内分泌失调、颅脑损伤和躯体疾病等也可成为该病的易发因素。

（1）症状

1）易兴奋：表现为感情的控制力降低，情绪易激动；感觉过敏，如感到头部的血管搏动、心脏跳动、怕光、怕风及怕声等。

2）易疲劳和衰弱：注意力不集中，记忆力明显减退，脑力和体力均易疲劳，工作不能持久，学习和工作效率明显降低。精神萎靡，情感反应强烈但不持久。

3）自主神经功能紊乱：在心血管机能方面表现为心悸、心慌、心跳、皮肤潮热多汗或手脚发凉等；在呼吸机能方面表现为出气不舒畅、胸闷、憋气等；在胃肠机能方面表现为食欲缺乏、消化不良、腹胀、腹泻及便秘等；在泌尿生殖功能方面表现为尿频、月经失调、遗精及性功能障碍等。

4）紧张性疼痛：表现为紧张性头痛、紧张性肌肉疼痛等。

5）睡眠障碍：主要表现为入睡困难、睡眠表浅、多梦、易惊醒或早醒等。

（2）病因

1）精神因素：凡是能引起持续的紧张心情和长期的心理冲突的一些因素，如亲人死亡、学习负担过重、人际关系失和等，使神经活动强烈而持久地处于紧张状态，超过了神经系统张力所能忍受的限度，即可发生神经衰弱。

2）人格因素：性格偏于胆怯、敏感多疑、易激动、急躁、自制力差及心胸狭窄，主观、任性的人易发此病。

3）其他因素：另外脑力劳动过程中的不良情绪状态，消极的劳动态度，缺乏劳逸结合以及经常改变生活与睡眠规律，都可能引起大脑机能活动的过度紧张，也可导致神经衰弱。

（3）防治方法

1）合理安排生活：注意劳逸结合，有效进行休息和娱乐，适当参加体育锻炼，培养良好的生活习惯和生活规律。

2）心理治疗：治疗关键在于揭示患者内心深处的心理冲突（病因），缓解其外界压力，消除紧张刺激，同时消除患者的思想顾虑，端正其对疾病的不正确认识和错误态度，使其树立战胜疾病的信心，并积极主动配合治疗。

3）药物治疗：必要时使用，主要有抗焦虑药、中药等。

4）其他疗法：体力活动疗法，如八段锦、太极拳等；物理疗法，如针灸、电刺激等。

2. 焦虑症

焦虑症是一种以焦虑反应为主要症状的神经症，是个体在面临不良刺激或预感到会出现挫折情境时所产生的一种复杂的消极或不愉快的情绪状态。

（1）症状

1）焦虑情绪为主要症状。这种焦虑是无原因的，并非由实际威胁所引起的，不针对具体的人或事，且紧张焦虑程度与现实情况不符。表现为难以言说的紧张感，混合着担心着急、坐立不安、害怕惶恐，好像灾难即将降临。

2）伴躯体症状：头晕、胸闷、心悸心慌、呼吸困难、口干、尿频尿急、内分泌失常、运动性不安及睡眠障碍。

（2）临床表现

可分为急性焦虑（惊恐发作）和慢性焦虑（广泛性焦虑、普遍性焦虑）。

1）急性焦虑：患者常出现无明显原因的、突然发作的强烈紧张、极度恐惧、濒临死亡感，如坠入万丈深渊，有人会死死抓住身边的人，有的尖叫、呼救或逃离。同时伴有剧烈的心慌、心悸、气急、呼吸困难、胸闷胸痛、失控地发抖及大量出汗等。发作时间通常可持续数分钟。当一个人反复出现无预期的惊恐发作，并且开始持续地担心再次发作的可能性时，惊恐障碍的诊断就成立。

2）慢性焦虑：主要表现为长时间、经常感到无明显原因、无固定内容的恐惧和提心吊胆或精神紧张，总预感会发生什么不幸而处于警觉状态。伴随躯体反应，坐卧不宁、心惊肉跳、心慌、头痛、背痛及全身颤抖等。患者常因不明原因的惊恐感而意志消沉、忧虑不安，夜间入睡困难。

（3）病因

1）遗传因素：据研究，同卵双胎的同病率为35%，高于全部其他的神经病。另据认为，某些神经类型的孩子可能更易在后天生活中发展出焦虑的人格特质，这种人格特质成了后来易感焦虑的基础。

2）人格因素：焦虑症患者大多都谨小慎微、胆小怕事、害怕困难、患得患失、遇事易紧张、对失败过分自责，不能摆脱失败的阴影。

3）精神压力因素：当人们长期面临威胁，处于不利环境之中，或遭遇重大生活事件，就更易于发生焦虑症。值得注意的是，儿童时期的创伤性体验常会由于现实生活中某些事件的唤起作用而诱发焦虑症。

（4）防治方法：研究显示，焦虑症的成因可能与以下因素有关，具有特殊的体质，焦虑症患者中枢神经系统中某些神经递质系统可能与常人不同，容易引发焦虑症；特殊的性格倾向，即神经质型人格；社会生活事件，多个报告研究发现，经济上的困难和压力、感情及婚姻上的挫折和人际交往、集体融入上的受挫都是容易引发焦虑性神经病的社会生活事件。

根据其成因，最新的治疗模式为心理治疗合并药物治疗，迄今为止已获得了肯定的疗效，并发现心理治疗可减少药物治疗的剂量，并比单纯药物治疗效果好，长期随访预后更好。

1）自我调节：轻度焦虑可通过自我调节缓解，常用的方法有树立信心；根据个人的兴趣和爱好，在感到焦虑紧张时适当做一些简便易行的运动，可消除疲劳、减轻压力；充足睡眠及调整目标。

2）药物治疗：对于急性的焦虑发作，以抗焦虑药和抗抑郁药为主的药物治疗可以显著迅速地改善症状。但如果没有通过心理咨询和治疗从根本上调整患者的心理状态，焦虑症是无法彻底治愈的。

3）心理治疗：各种形式的放松疗法，如自我松弛训练、生物反馈技术、催眠疗法以及脱敏疗法、音乐疗法、认知疗法等对焦虑症都有良好效果。

3. 恐怖症

恐怖症是对某些特定事物、特定情景或要从事的特定活动产生强烈的恐惧感。明知不存在真实的危险，却产生持续的异常强烈的恐怖反应或紧张不安的内心体验，伴自主神经功能失调（心跳、脉搏加快、呼吸急促、头晕、心悸、出汗、颤抖及晕厥），产生回避行为。

（1）临床表现

1）某种外在（体外）的客体情境引起强烈的恐怖。

2）明知过分、不合理、没必要，却又无法控制。

3）发作时往往伴有明显的焦虑不安及自主神经症状，如出汗、心悸、面红或气短、气促及头晕，甚至晕倒、战栗。

4）因尽力回避所恐惧的客体或情境而影响患者的正常生活或工作，回避行为越明显说明病情越严重。

（2）病因

1）童年经验：从种系发生角度看，恐惧是一种原始情绪。它是动物遭遇危险情境的一种警戒反应，具有适应意义。在人类生命期里，儿童时期发生恐惧体验机会显然多一些，因此对恐惧症原因的探索大多强调童年经验的作用，成人的恐怖症状是儿时恐怖经验在某种情景诱发下的再现。

2）人格因素：恐怖症患者的人格特点多为内向、羞怯、胆小、怕事、依赖性强及遇事易焦虑等。

（3）常见类型

1）社交恐惧症：社交恐怖症的基本特点是恐惧暴露在可能被他人评价的场合。主要表现为对社交场合和与人接触的持久的强烈恐惧和回避行为。社交恐惧情绪出现时，患者会出现一系列的心理、行为和生理方面的异常反应。心理方面出现焦虑不安、反应迟钝、暂时性遗忘，严重时会产生心力萎顿和自我失控感；行为方面出现动作僵化、变形,语言不流畅,甚至会出现口吃现象;生理方面出现脸红、心跳加快或心慌、心悸、气短、发抖、出汗、震颤及眩晕等。这些反应在大多数情况下会对患者的人际交往活动产生负面影响,患者可因恐惧而回避朋友、同事,不愿出门,不愿上班,几乎与社会隔绝,失去学习和工作的能力。

2)广场恐怖症:主要表现为对公共场所产生恐惧,因而害怕到各种公共场所中去,患者担心在人群聚集的地方不易离开,害怕自己会晕倒或发生其他意外,而身边却没有亲人或朋友相助,幻想在公众场合下,自己会不能自控地表现出愚昧或过激行为,因而不敢轻易去车站、书店、超市等人多、拥挤的场所。

3)简单恐怖症:是恐怖症中最常见的一种,也称物体恐怖症,是患者面对特定对象或情境所产生的恐惧。根据恐惧对象的不同,简单恐怖症又被分为三类,动物恐怖症、伤害或疾病恐怖症、非生物性恐怖症,如害怕登高、暴风、雷电、黑暗等。

(4)防治方法:对恐怖症的最主要的心理治疗方法是行为治疗,以脱敏疗法为主,针对患者的具体情况,也可进行心理分析或认知疗法。

4. 强迫症

强迫症是一种以反复出现的强迫观念和强迫动作为主要特征的神经症。其突出特点为自我强迫,表现在观念、行为上被迫想自己不愿想、做自己不愿做的事,同时伴有焦虑情绪。

(1)临床表现

1)强迫观念:①强迫怀疑,患者对已完成的事仍然放心不下,如信已寄出,却总是怀疑是否贴了邮票,门已锁,却怀疑是否锁好。②强迫联想，对所遇之事，总是立即想到接近、相似或对立的事物，如看到黑即想到白。③强迫回忆，对往事、经历不能摆脱地反复回忆。④强迫性穷思竭虑，对一些没有实际意义的想法，无休无止地思索，如一加一为什么等于二？为什么人的眼、耳、鼻孔都成双，偏只长了一张嘴？永远有多远？等等。强迫性穷思竭虑是核心症状，也是最多见的症状。

2）强迫意向：患者常有与正常意愿相反的欲望和即将失控并要行动起来的冲动（多为可耻的、残忍的意向），如走在桥上就有往下跳的冲动，看到刀就出现要拿来砍人或砍自己的意向等。但从未实际发生过，只是不能控制这些意向的出现。

3）强迫行为：强迫观念的需要，行动时可减轻焦虑、恐惧。包括强迫计数、强迫洗涤、强迫性仪式动作等。

（2）病因

1）与早年生活经历有关：如父母过于严厉，吹毛求疵，追求完美，易导致儿童的强迫倾向。

2）人格因素：强迫人格的特征可概括为"不完善感""不安全感""不确定感"。"三不"之中只要有一个非常突出，就是典型的强迫人格。这种人一般具有主观任性、急躁、好强、自制力差或胆小怕事、优柔寡断、遇事过于谨慎、缺乏自信心、墨守成规、生活习惯呆板及喜欢仔细思考问题等特点。

3）心理社会因素：常见的有学习和生活环境的变换，责任加重，或处境困难、人际关系紧张，或亲人的丧亡、突受惊吓、担心意外等均易引发强迫症状。

（3）治疗

目前使用较多的为森田疗法、行为疗法和认知疗法，一般性的心理治疗措施,如说理、安慰、鼓励及注意转移等,以及不良人格特征的调整与改造,也能起一定的作用。必要时可以应用抗焦虑药物。

5. 抑郁性神经病

抑郁性神经症为最常见的心理卫生问题。是以持久的心情抑郁为特点的神经病。有研究表明,在患抑郁症的人群中,女性是男性的两倍。抑郁症的易感人群,包括工作压力大的白领女性、更年期女性、孕妇、产妇,以及刚刚经历了负面事件,但是没有得到及时排解的女性人群。有学者认为,抑郁症患者有一半以上有自杀想法,其中有20%的患者最终以自杀结束了自己的生命。虽然在抑郁症的患病率上,女性要明显高于男性,但是在因抑郁症而自杀的人群中,男性要明显高于女性。在女性中,抑郁症的高发,首先出现在青春早期,然后一直持续到成年。

(1)症状:从患者的言谈中可反映出内心的郁闷、孤寂、凄凉和悲哀,感到处处不如意,似乎与世隔绝,丧失了对外界和人际关系的兴趣,闷闷不乐、愁容不展。说话声调平淡,常发出叹息,甚至流泪哭泣,常伴有疲乏、头痛、背痛及四肢不定位的不适感等,可有自杀念头。

(2)病因:此病发病均与明显的、强烈的或持续的心理因素有关,如生活中遭受的损失、挫折引起的情感失调、自尊心受伤害等,并且常在遗传、一定的人格特征(抑郁人格)的基础上发生。抑郁人格表现为情绪不稳、多愁善感、依赖性强、处世悲观、内向闭锁及心情忧郁等。

根据心理动力学理论,抑郁症被看作直接指向自我的敌意或愤怒,以替代外界现实。根据神经分子生物学研究,抑郁症患者的中枢神经系统中5-羟色胺代谢出现障碍。

（3）诊断标准：以心境低落为主要特征且持续至少两周，在此期间，至少有下述症状的4项。①对日常活动丧失兴趣，无愉快感，精神疲惫；②精力明显减退，无原因的持续疲乏感；③对前途悲观失望，感到生活或生命没有意义；④自我评价过低或自责或有内疚感；⑤无助感；⑥联想困难或自觉思考能力显著下降；⑦反复出现死亡念头或有自杀行为；⑧失眠或早醒，睡眠障碍；⑨躯体运动性改变，迟滞或激惹。

（4）治疗方法：原则上以心理治疗为主，并配合应用抗抑郁药。由于抑郁性神经病是由长期内心压抑和矛盾所引起，故进行支持性或解释性心理咨询、认知疗法等具有重要意义。药物主要有三环类抗抑郁药，如丙咪嗪、阿米替林、多塞平等；单胺氧化酶抑制剂，如苯乙肼等；5-羟色胺选择性重摄取抑制剂，如氟西汀、舍曲林等。

【心理词典】

神经疾病、精神疾病

神经疾病：人体神经系统的器质性病变。是由于感染、中毒、外伤、肿瘤、血管病变、退行性变化和先天性发育异常等原因引起神经系统及其附属结构的疾病。临床症状表现为运动、感觉或意识等方面的异常变化。常见的神经病有脑血管疾病、癫痫、脑卒中、肿瘤等。

精神疾病：一类神经活动失调或紊乱为主要表现的疾病。包括人格变态、神经病、精神病。

二、精神病

常见的精神病有以下几种。

1. 精神分裂症

精神分裂症是最常见的重性精神病。其病因及发病机制至今尚未明确，大多数学者重视遗传、生物化学、心理、社会及家庭等多种因素间的交互作用。主要症状表现为以下几点。

（1）思维障碍：表现为思维破裂、脱离现实，思维过程缺乏连贯性和逻辑性，联想散漫、中断，词义曲解和错用，言语支离破碎，缺乏联系。

（2）情感障碍：情感淡漠、迟钝；情感倒错，情感反应与其内心活动及外界环境不协调；情绪发生剧烈变化，喜怒无常。

（3）幻觉和妄想：幻觉是指没有相应客观刺激作用于感官时出现的知觉体验。妄想是一种病理性信念，其特点是与事实不符、劝说无效和不能动摇，与患者的社会地位和文化水平也不相称。

（4）意志行动障碍：意志活动减退或缺乏，活动减少，终日陷入沉思，自觉性低，无主动性，受妄想、幻觉支配，不与周围人接触，退缩、孤僻、封闭自己；动机矛盾，犹豫不决，模棱两可；行为动作令人难以理解或冲动行为，刻板动作和模仿动作，木僵、抗拒、违拗及蜡样屈曲。

（5）缺乏自知力：患者对自己的病态表现出毫无自知之明，他们不承认自己有病，往往拒绝就医。但一般无意识障碍及智力下降，而且体格检查一般也无特殊病变，神经系统检查也无异常病变。

2. 情感性精神病

情感性精神病是以情感障碍为主要临床特征的精神病，被称为躁狂抑郁性精神病或躁狂抑郁症。以显著而持久的心境高涨或低落为主要表现，伴有相应的思维和行为等方面的改变。临床特征为单相或双相发作，仅仅出现一种情感障碍，或高涨、或低落，称之为单相；如情感的异常高涨和低落交替出现，则称之为双相。有反复发作的倾向，间歇期精神活动基本正常。德国精神病学家克雷丕林以情绪高涨、思维奔逸、动作增多作为躁狂症的三大基本症状（即所谓三高）；以情绪低落、思维迟钝、动作迟缓作为抑郁症的三大基本症状（即所谓三低）。以躁狂状态的"三高"和抑郁状态的"三低"相互转化、交错出现，甚至部分躁狂症状和部分抑郁症状在病人身上同时混合存在，称为混合型。在躁狂状态下主要表现为以下3点。

（1）高涨的情绪：强烈而持久的喜悦和兴奋，患者往往兴高采烈、眉飞色舞、谈笑风生。但是由于自制力减弱，对接触到的事物往往会做出过分的情绪反应，可以因为一点小事不称心而勃然大怒，暴跳如雷，但随后很快又被原先愉快、高涨的情绪所代替。

（2）奔逸的思维：联想丰富、思想活跃、意念飘忽、言语增多、口若悬河，但见解多肤浅片面，内容重复，自以为是。

（3）动作增多：睡眠减少，精力充沛，忙忙碌碌，行动无明确目的。患者强烈而高涨的情绪可影响其判断力，常见的有自我评价过高，有时甚至出现妄想，自认为有着过人的体力、才干或学问，因而态度傲慢、盛气凌人。

女性自杀现象分析

近年来,女性中自杀死亡的人数呈上升趋势,其危害与后果极为严重。该问题已引起社会的普遍关注。那么,女性为什么会出现自杀行为?如何识别?如何进行预防与危机干预是我们的当务之急。

一、女性自杀的常见原因

女性自杀的原因非常复杂,纵观近年来的相关研究,结合当前社会环境的外部因素和女性群体身心特征的内部因素,我们认为女性自杀的原因,主要有下列几类。

1. 认知偏差

认知偏差是女性自杀的主要心理原因。在现实生活中,自杀者通常不能正确认识自己,对自己持否定的态度,使自己处于高度的自卑状态。不能正确地认识社会、认识与之有关的人和环境,导致个体对自己境遇的内部感知向越来越消极的状态发展,直到再也不相信在自己的境遇中还存在任何积极的成分。

2. 人格缺陷

研究表明,女性的人格缺陷突出表现在内向、孤独、紧张、情绪不稳、胆怯、敏感、做作、刻板、忧郁、怀疑、刚愎、自责、不满及焦虑不安等。这些人格上的弱点会削弱个体对挫折的抵抗力或放大刺激的负面影响,使个体心理承受能力变差,人格偏执,易于冲动或怯懦退缩,一旦面临危机就会手足无措,心理崩溃,找不到正确的解决办法。

3. 自我认同危机

所谓自我认同危机也就是自我概念方面的危机,即由于个体心目中或希望的自我形象(理想自我)与现实自我不相符时所产生的心理危机,这在女性中比较普遍。由于这种理想不切实际,难以实现,于是理想自我与现实自我之间便会产生矛盾冲突。这种冲突常见于女性对学习的期望和实际学习状况的冲突。根本的原因还是不能正确地评价自己与他人,容易产生强烈的挫折感,由过分的自尊转变为过分的自卑甚至是自暴自弃。

4. 负性生活事件

负性生活事件是女性自杀的重要诱因,如学业失败、恋爱受挫、人际危机、考研失败、就业受挫、经济困难及重大丧失等成为女性自杀的导火索。

(1)人际关系紧张:人际关系问题是导致女性心理障碍的主要因素之一。

(2)学习压力:学业竞争、各种等级考试和资格考试使部分女性长期处于身心疲惫状态,引发心理疲劳。

(3)就业压力:越来越严峻的就业形势,不仅给女性造成很大的精神压力,同时也让女性忧虑重重,自觉前途渺茫。此种压力如长期得不到缓解,会带来严重的心理挫折和失败感。

(4)恋爱及性问题:如失恋、婚前性行为、被强奸及未婚先孕等，都极易诱发心理危机。如恋爱失败往往容易导致女性心理变异，有的人因此而走向极端，甚至造成悲剧。

（5）经济压力：这种压力有时是来自物质上的，如难以承受生活所需的开支而可能导致贫困，有时是来自心理上的，如因经济上的窘迫而感到自卑，如果超出了个体的承受极限，便可能诱发自杀行为。

（6）心理疾病：有研究表明，50%～90%的自杀死亡者可以诊断为精神疾病，自杀未遂者患有精神障碍的比例为50%，精神疾病患者自杀率为一般人群的10～30倍，患者以抑郁症居多。

二、女性自杀征兆及早期识别

无论何种自杀，在自杀念头形成之后，都会出现一系列的心理与行为表现，这是一个自杀者向他人发出的求救信号，如果我们能及时发现并予以警惕，给予其积极的帮助，可避免悲剧发生。以下是女性自杀前的一些征兆。

1. 情绪的改变

情绪明显反常，无故哭泣，焦虑不安，或忧郁、失望，自卑、自责、自罪感，或麻木不仁，冷漠，感觉不到生活的价值。

2. 行为的变化

饮食、睡眠出现反常现象，个人卫生习惯变坏，对嗜好失去兴趣，丢弃或毁坏个人平时十分喜爱的物品，或无故送东西、礼物给同事、亲人，或无缘由地向人道歉、道谢等，从已经是很小的朋友圈中撤离、孤立自己，反复在一些危险区域逗留，或从事高危险性的活动。尤其当抑郁伴随着这些明显行为的改变持续超过一个星期时，应当予以特别注意。

3. 学习兴趣下降，学习成绩显著变化

女性自杀前可能表现出一系列前兆，学习兴趣下降和学习成绩显著变化是其中的警示信号之一。

4. 经历重大负性生活事件

近期生活出现重大改变或是遭受重大损失，如受到侵害、亲友死亡、失恋、事业失败及离婚等。

5. 自杀意图的表露

许多想自杀的人都会以口语、书面和艺术创作或在行为中表达其自杀的意念及企图。如谈论自己的死或与死有关的问题，或有一些自杀的暗示，或写下遗嘱一类的东西。

6. 自杀未遂者

自杀未遂者可能面临更高的再次自杀风险。重要的是要注意他们的情绪和行为变化，提供持续的心理支持和专业治疗。

以上这些征兆都是个体处在自杀的内心矛盾冲突下的表现，这时极易发现，一旦自杀者进入自杀的平静阶段，又会表现得轻松、平静，给人一种恢复以往的假象，这时往往是自杀者已作出了坚决的自杀决定，不再为选择生死而烦恼，只是等待一个时机结束生命。因此，对于女性的自杀，我们应做到及早发现、及早干预。

三、女性自杀的预防与干预

女性自杀现象近年来有增高趋势。这已引起了教育主管部门与各类高校的重视，预防女性自杀已经提到了女性心理健康教育的议事日程，以下为具体做法。

1. 提高女性心理素质，树立积极人生观

心理素质差是导致自杀的最直接的内在动因。因此，个体应该积极主动地培养自身的素质，社会也要设置相应的机构来提供这种服务，配合家庭的心理健康教育，从而加强单位、家庭、社会和个体的联系。

心理素质的培养要特别注意挫折容忍力和情绪调控能力的培养。一方面，从知识上掌握挫折的各种应对方法和情绪的各种调控技巧；另一方面，在实际生活中加以有意识地运用，甚至可以主动地给自己创造一些挫折环境，培养自己的容忍力和调控能力。

女性应树立积极的人生态度，以乐观的心态面对挫折与失败。当面临危机时，积极运用各种资源，主动寻求支持与帮助，以化解危机、应对危机。尤其要鼓励女性从精神上与他人沟通，丰富自己的生活，从中体验自己的价值感。

2. 加强心理健康教育，普及有关自杀的知识

社会和媒体可对女性开展心理健康教育，利用专题讲座、广泛的健康宣传等，帮助女性提高心理健康意识，提升心理健康水平；开展生命教育与死亡教育，帮助女性正确认识生命，理解死亡，对女性自杀的预防有一定作用。

普及的知识应该包括自杀的原因、有自杀倾向者的表现和危害、自杀者的心理、自杀的预防及干预、自杀的预防机构等，这样有利于做好自杀的早期发现和预测，并采取有效措施及时预防自杀。

3. 设置危机干预机构，完善支持系统

如建立女性心理健康档案，了解女性自杀意念，及早发现，及时约谈，及时干预；建立危机干预中心、自杀防止中心、生命热线、

希望热线等，使处于危机中的人知道求助的机构。许多高校设置的心理咨询热线，能有效地为处于危急状态中的人提供及时的帮助，自杀者在自杀前犹豫不决、万分痛苦时拨打电话，咨询员立刻介入，采取紧急对策，可以有效地避免自杀行为的发生。

女性需要一个来自亲人、朋友、同学、同事、朋友及学校各级组织等多方面的社会支持系统，这是女性健康成长的关键。

4. 进行心理治疗

对自杀者心理治疗的目的，是使其了解其目前面临的状况及问题，让其进行情绪宣泄，学习新的适应方式或处理所面临的问题，并使其不再选择自杀行为。具体可采用：①危机处理及支持性心理咨询，重点是帮助其度过自杀危机；②以解决问题为导向的心理咨询，了解当事人所遭遇的各种问题，帮其思考解决问题的方法，与其草拟具体计划，避免孤独；③认知疗法，找出当事人认知上的不合现实或不适用性，让其学习新的信念及思考，并通过不断练习发展新的认知。

【心灵鸡汤】

希普尔提出的自杀管理中心必须注意的14个"不要"

不要对求助者责备和说教；不要对求助者的选择和行为提出批评；不要与其讨论自杀的是非对错；不要被求助者所告诉干预者的危机已过去的话所误导；不要否定求助者的自杀意念；不要试图向令人震惊的结果挑战；不要让求助者一个人留下，不去观察他，不与其取得联系；在紧急危机阶段，不要诊断、分析求助者的行为或对其进行解释；不要陷入被动；不要过急，要保持镇静；不要让求助者保持自杀危机的秘密（不把自杀想法说出来）；不要因周围的人或事而转移目标；不要在其他人中，把过去或现在的自杀行为说成是光荣的、殉情的等；不要忘记追踪观察。

【心理测试】

抑郁自评量表

指导语：请仔细阅读下面的20道题目，根据您最近一星期内的实际感觉，在符合的方格中画"√"。

抑郁自评量表

序号	内容	偶尔	有时	经常	持续
1	我感到情绪沮丧、郁闷	1	2	3	4
2	我感到早晨心情最好	4	3	2	1
3	我要哭或想哭	1	2	3	4
4	我夜间睡眠不好	1	2	3	4
5	我吃饭像平时一样多	4	3	2	1
6	我的性功能正常	4	3	2	1
7	我感到体重减轻	1	2	3	4
8	我为便秘烦恼	1	2	3	4
9	我的心跳比平时快	1	2	3	4
10	我无故感到疲劳	1	2	3	4
11	我的头脑像往常一样清楚	4	3	2	1
12	我做事情像平时一样不感到困难	4	3	2	1
13	我坐卧不安，难以保持平静	1	2	3	4
14	我对未来感到有希望	4	3	2	1
15	我比平时更容易激奋	1	2	3	4
16	我觉得做决定很容易	4	3	2	1
17	我感到自己是有用和不可缺少的人	4	3	2	1
18	我的生活很有意义	4	3	2	1
19	假若我死了，别人会过得更好	1	2	3	4
20	我仍旧喜爱自己平时喜爱的东西	4	3	2	1
总计					

计分及自评标准：将20道目的得分相加得出总分。40分以下者为无抑郁；41~47分者为轻微至轻度抑郁；48~55分者为中度至重度抑郁；56分以上为重度抑郁。

当你发现自己的得分偏高时，请不要独自苦闷，尽快找信任的人或心理辅导老师聊一聊，以确定测验结果是否真实可靠或得到后续的帮助。

69